U0270407

化工原理实验

主　编　王余杰

副主编　郑建东　陈纲领

编　委　（按姓氏笔画排序）

马田林　吕丹丹

张　华　周阿洋

合肥工业大学出版社

图书在版编目(CIP)数据

化工原理实验/王余杰主编 . —合肥:合肥工业大学出版社,2018.12(2023.8 重印)

ISBN 978 - 7 - 5650 - 4278 - 2

Ⅰ.①化… Ⅱ.①王… Ⅲ.①化工原理—实验—高等学校—教材 Ⅳ.①TQ02 - 33

中国版本图书馆 CIP 数据核字(2018)第 271337 号

化工原理实验

王余杰 主编

责任编辑	张择瑞	
出版发行	合肥工业大学出版社	
地　　址	(230009)合肥市屯溪路 193 号	
网　　址	press. hfut. edu. cn	
电　　话	理工编辑部:0551 - 62903204	
	市场营销部:0551 - 62903198	
开　　本	710 毫米×1010 毫米　1/16	
印　　张	7.5	
字　　数	140 千字	
版　　次	2018 年 12 月第 1 版	
印　　次	2023 年 8 月第 2 次印刷	
印　　刷	安徽联众印刷有限公司	
书　　号	ISBN 978 - 7 - 5650 - 4278 - 2	
定　　价	22.00 元	

如果有影响阅读的印装质量问题,请与出版社市场营销部联系调换。

前　言

　　化工原理实验是化工原理理论运用于实践的中间环节和桥梁，是对理论教学的验证、补充和强化，要求学生运用已学过的知识验证相关结论、结果和现象等，或综合运用已学过的理论知识设计实验或进行综合性的实验，以训练学生对知识的运用能力、实验操作技能、仪器仪表的使用能力、实验数据的处理和分析能力，培养学生具备从事自然科学工作的基本素质，提高学生的综合素养。

　　本书根据滁州学院化工原理实验教师多年的教学实践，参考国内外的教材，并结合学校实验仪器设备情况编写而成。教材编写过程中注意强调对学生多种实验能力和素质的培养和训练，做到概念清晰，层次分明，阐述简洁易懂，便于学生自学，强调化工原理实验中的共性问题，有较强的通用性。实验内容涵盖了验证性实验、设计性实验和综合性实验三大类，包括流体力学、过滤、传热、吸收、精馏、干燥、萃取等典型的化工单元操作，同时将化工的一些测试方法贯穿于各实验中，使理论与实践紧密结合。此外，还介绍了常用的仪器仪表，目的是在实验所涉及的范围内，能够方便查阅所需要的仪器仪表。附录汇总了部分法定计量单位及其换算，化工常用参数等。本书可作为化工、制药、化工机械、高分子、食品、环境、轻化工程、生物工程等专业的化工原理实验教材或教学参考书，也可供从事化工实验研究的人员参考。

　　由于本书涉及内容较广且编写仓促，编者水平有限，书中难免有疏漏和不足之处，恳请广大读者批评指正。

编　者

2018 年 12 月

目　　录

绪　　论

一、化工原理实验的特点

《化工原理》是化学工程与工艺、应用化学、制药工程等专业的重要技术基础课，它属于工程技术学科，故化工原理实验也是解决工程问题必不可少的重要部分。面对实际的工程问题，其涉及的物料千变万化，操作条件也随各工艺过程的改变而改变，使用的各种设备结构、大小相差悬殊，很难从理论上找出反映各过程本质的共同规律，一般采用两种研究方法解决实际工程问题，即实验研究法和数学模型法。对于实验研究法，在实验基础上应用因次分析法规划实验，再通过实验得到应用于各种情况下的半理论半经验关联式或图表。例如找出流体流动中摩擦系数与雷诺准数和相对粗糙度关系的实验。对于数学模型法，在简化物理模型的基础上，建立起数学模型，再通过实验找出联系数学模型与实际过程的模型参数，使数学模型能得到实际的应用。例如精馏中通过实验测出塔板效率，将理论塔板数和实际塔板数联系起来。可以说，化工原理实验基本包含了这两种研究方法的实验，这是化工原理实验的重要特征。

虽然化工原理实验测定内容及方法是复杂的，但是所采用的实验装备却是生产中最常用的设备和仪表，这是化工原理实验的第二特点。例如流体阻力实验中，虽然要测定摩擦系数与雷诺数及相对粗糙度的复杂关系，但使用的却是极其简单的泵、管道、压力计、流量计等设备仪表。

化工原理实验的这些特点，同学们应该在实验中认真体会，通过化工原理实验对这些处理工程问题的方法加深认识并初步得以应用。

二、化工原理实验的要求

1. 巩固和深化理论知识。化工原理课堂上讲授的主要是化工过程即单元操作的原理，包括物理模型和数学模型。这些内容是很抽象的，还应通过化工原理实验及实习这些实践性环节，深入理解和掌握课堂讲授的内容。我们针对这部分的要求在每个实验的后面布置了思考题，可引导和启发同学们认真做实验，并通过实验环节，理解过程原理及各种影响因素。故要求同学们在做实验和完成实验报告中认真完成这些思考题。

2. 初步掌握化工工程问题的研究方法，熟悉化工数据基本测试技术。工程中无论实验研究法和数学模型法均离不开实验测定各种化工数据。通过实验过程可进一步认识解决工程问题的这些方法，同时也要熟悉这些设备、仪表的结构、主要性能及基本操作。

三、化工原理实验预习报告

每次做实验前必须将实验预习报告交给实验指导教师检查合格后方能进行实验。

实验预习报告内容：

(1) 实验目的及内容：做什么？

(2) 实验意义及原理：为什么做？

(3) 实验中必须取哪些数据，列出数据记录简表：如何做？

四、化工原理实验报告内容

1. 实验目的；

2. 实验原理：要说明实验的依据及要测量的数据；

3. 实验装置：实验流程图和流程说明；

4. 实验主要操作步骤；

5. 实验数据记录：列表记录实验中数值及单位；

6. 数据整理：列出数据整理表，并写出数据计算过程示例；

7. 实验结果及结论：将实验结果用图形或关系式表示出，并得出结论；

8. 分析与讨论：就实验中的问题进行分析；

9. 思考题。

五、基本要求及成绩评定办法

(一) 实验要求及单项实验成绩考核办法

学生实验要求做到以下三方面：

1. 预习报告

为了使学生在实验中能够获得良好的效果，实验前必须进行课前预习，预习达到以下要求：

(1) 明确实验目的和要求。

(2) 阅读实验指导书和教科书中的有关内容。

(3) 理解实验原理，弄清操作步骤。

（4）了解数据的处理及实验时应注意的问题。

（5）设计好记录格式，以便将实验现象和数据清楚地记录在预习报告上。

（6）指导教师一般不在实验期间作全面的讲解，只是考察学生的预习情况，对学生未完全理解的知识点或实验设备的使用作简明地解释。对尚未完成预习准备的学生决不允许进入实验室做实验，等预习完实验、写完预习报告后方可进入实验室进行实验。

（7）对综合设计型实验，应在预习期间设计好完整的设计方案，然后由指导教师确认或修改。

2. 实验操作

学生应根据实验教材上所规定的方法、步骤和试剂用量来进行操作，并应该做到以下几点：

（1）首先检查所需仪器、药品是否齐全，安装好实验装置；

（2）认真操作，细心观察，并把观察到的实验现象如实详细地记录在实验预习报告的记录部分；

（3）如果发现实验现象与理论不符合，应认真检查其原因，并细心地重做实验；

（4）实验中遇到疑难问题自己难以解决时，可请示指导教师进行解答；

（5）对综合设计型实验，可自行拟定实验方案；

（6）实验过程中应保持肃静，严格遵守实验室工作规则。

实验成绩＝预习成绩×20％＋操作成绩×20％＋实验报告成绩×60％

（二）学期实验成绩考核办法

1. 每个实验单独考核记分；

2. 每个学期各实验平均分为学期实验成绩（如有实验考试，其成绩可按适当比例记入学期实验成绩）；

3. 学期成绩合格者可作为该课的平时成绩，不合格者则无资格参加该课理论考试；

4. 有如下情况之一者，学期实验考核不合格：

（1）旷课一次；

（2）因特殊原因请假并获批准者，事后必安排补做实验，否则学期实验考核不合格；

（3）有一单项实验成绩不合格者。

第一章　预备知识

第一节　实验数据估算与误差分析

由于实验方法和实验设备的不完善，周围环境的影响，以及人的观察力，测量程序等限制，实验观测值和真值之间，总是存在一定的差异。人们常用绝对误差、相对误差或有效数字来说明一个近似值的准确程度。为了评定实验数据的精确性或误差，认清误差的来源及其影响，需要对实验的误差进行分析和讨论。由此可以判定哪些因素是影响实验精确度的主要方面，从而在以后的实验中，进一步改进实验方案，缩小实验观测值和真值之间的差值，提高实验的精确性。

一、误差的基本概念

测量是人类认识事物本质所不可缺少的手段。通过测量和实验能使人们对事物获得定量的概念和发现事物的规律性。科学上很多新的发现和突破都是以实验测量为基础的。测量就是用实验的方法，将被测物理量与所选用作为标准的同类量进行比较，从而确定它的大小。

1. 真值与平均值

真值是指某参数的真实值或实际值，通常真值是无法测得的。每一次实验所观测的实验值，可能高于或低于真实值，即出现与真值的偏差或误差。若在实验中，测量的次数无限多时，根据误差的分布定律，正负误差的出现概率相等。再经过细致地消除系统误差，将测量值加以平均，可以获得非常接近于真值的数值。但是实际上实验测量的次数总是有限的。用有限测量值求得的平均值只能是近似真值，常用的平均值有下列几种：

（1）算术平均值

最常用的一种平均值表示法是算术平均值。

设有 n 个实验值为 x_1，x_2，$\cdots$，x_n，n 代表测量次数，则算术平均值为

$$\bar{x} = \frac{x_1 + x_2 + \cdots + x_n}{n} = \frac{\sum\limits_{i=1}^{n} x_i}{n}$$

（2）几何平均值

设有 n 个实验值为 x_1，x_2，$\cdots$，x_n，n 代表测量次数，则几何平均值为

$$\bar{x}_n = \sqrt[n]{x_1 \cdot x_2 \cdots x_n}$$

（3）均方根平均值

$$\bar{x}_{均} = \sqrt{\frac{x_1^2 + x_2^2 + \cdots + x_n^2}{n}} = \sqrt{\frac{\sum\limits_{i=1}^{n} x_i^2}{n}}$$

（4）对数平均值

在化学反应、热量和质量传递中，其分布曲线多具有对数的特性，在这种情况下表征平均值常用对数平均值。

设两个量 x_1、x_2，其对数平均值

$$\bar{x}_{对} = \frac{x_1 - x_2}{\ln x_1 - \ln x_2} = \frac{x_1 - x_2}{\ln \dfrac{x_1}{x_2}}$$

应指出，变量的对数平均值总小于算术平均值。当 $x_1/x_2 \leqslant 2$ 时，可以用算术平均值代替对数平均值。

总之，不同的平均值都有各自适用的场合，介绍各平均值的目的是要从一组测定值中找出最接近真值的那个值。在化工实验和科学研究中，数据的分布较多属于正态分布，所以通常采用算术平均值。

2. 误差的分类

根据误差的性质和产生的原因，一般分为三类：

（1）系统误差

系统误差是指在测量和实验中未发觉或未确认的因素所引起的误差，而这些因素影响结果永远朝一个方向偏移，其大小及符号在同一组实验测定中完全相同，当实验条件一经确定，系统误差就获得一个客观上的恒定值。

当改变实验条件时，就能发现系统误差的变化规律。

系统误差产生的原因：测量仪器不良，如刻度不准，仪表零点未校正或标准表本身存在偏差等；周围环境的改变，如温度、压力、湿度等偏离校准值；实验人员的习惯和偏向，如读数偏高或偏低等引起的误差。针对仪器的缺点、外界条件变化影响的大小、个人的偏向，待分别加以校正后，系统误差是可以清除的。

（2）偶然误差

在已消除系统误差的一切量值的观测中，所测数据仍在末一位或末两位数字上有差别，而且它们的绝对值和符号的变化，时大时小，时正时负，没有确定的

规律，这类误差称为偶然误差或随机误差。偶然误差产生的原因不明，因而无法控制和补偿。但是，倘若对某一量值做足够多次的等精度测量后，就会发现偶然误差完全服从统计规律，误差的大小或正负的出现完全由概率决定。因此，随着测量次数的增加，随机误差的算术平均值趋近于零，所以多次测量结果的算数平均值将更接近于真值。

（3）过失误差

过失误差是一种显然与事实不符的误差，它往往是由于实验人员粗心大意、过度疲劳和操作不正确等原因引起的。此类误差无规则可寻，只要加强责任感、多方警惕、细心操作，过失误差是可以避免的。

3. 精密度、准确度和精确度

反映测量结果与真实值接近程度的量，称为精度（亦称精确度）。它与误差大小相对应，测量的精度越高，其测量误差就越小。"精度"应包括精密度和准确度两层含义。

（1）精密度　测量中所测得数值重现性的程度，称为精密度。它反映偶然误差的影响程度，精密度高就表示偶然误差小。

（2）准确度　测量值与真值的偏移程度，称为准确度。它反映系统误差的影响精度，准确度高就表示系统误差小。

（3）精确度（精度）它反映测量中所有系统误差和偶然误差综合的影响程度。

在一组测量中，精密度高的准确度不一定高，准确度高的精密度也不一定高。但精确度高，则精密度和准确度都高。

为了说明精密度与准确度的区别，可用下述打靶子例子来说明，如图 1-1 所示。

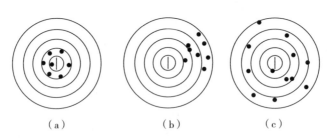

图 1-1　精密度和准确度的关系

图 1-1（a）中表示精密度和准确度都很好，则精确度高；图 1-1（b）表示精密度很好，但准确度却不高；图 1-1（c）表示精密度与准确度都不好。在实际测量中没有像靶心那样明确的真值，而是设法去测定这个未知的真值。

学生在实验过程中，往往满足于实验数据的重现性，而忽略了数据测量值的准确程度。绝对真值是不可知的，人们只能制定出一些国际标准作为测量仪表准确性的参考标准。随着人类认识运动的推移和发展，可以逐步逼近绝对真值。

4. 误差的表示方法

利用任何量具或仪器进行测量时，总存在误差，测量结果总不可能准确地等于被测量的真值，而只是它的近似值。测量的质量高低以测量精确度作指标，根据测量误差的大小来估计测量的精确度。测量结果的误差愈小，则认为测量就愈精确。

（1）绝对误差

测量值 X 和真值 A_0 之差为绝对误差，通常称为误差。记为：

$$D = X - A_0$$

绝对误差反映了实验值偏离真值的程度，这个偏差可正可负。由于真值 A_0 一般无法求得，因而上式只有理论意义。常用高一级标准仪器的示值作为实际值 A 以代替真值 A_0。由于高一级标准仪器存在较小的误差，因而 A 不等于 A_0，但总比 X 更接近于 A_0。X 与 A 之差称为仪器的示值绝对误差。记为

$$d = X - A$$

与 d 相反的数称为修正值，记为 $C = -d = A - X$

通过检定，可以由高一级标准仪器给出被检仪器的修正值 C。利用修正值便可以求出该仪器的实际值 A。即

$$A = X + C$$

（2）相对误差

衡量某一测量值的准确程度，一般用相对误差来表示。示值绝对误差 d 与被测量的实际值 A 的百分比值称为实际相对误差。记为

$$\delta_A = \frac{d}{A} \times 100\%$$

以仪器的示值 X 代替实际值 A 的相对误差称为示值相对误差。记为

$$\delta_X = \frac{d}{X} \times 100\%$$

一般来说，除了某些理论分析外，用示值相对误差较为适宜。

（3）引用误差

为了计算和划分仪表精确度等级，提出引用误差概念。其定义为仪表示值的绝对误差与量程范围之比。

$$\delta_A = \frac{仪表示值绝对误差}{量程范围} \times 100\% = \frac{d}{X_n} \times 100\%$$

式中：d——示值绝对误差；

X_n—— 标尺上限值－标尺下限值。

（4）算术平均误差

算术平均误差是各个测量点的误差的平均值。

$$\delta_{\text{平}} = \frac{\sum |d_i|}{n} \quad i = 1,\ 2,\ \cdots,\ n$$

式中：n—— 测量次数；

$\quad\quad d_i$—— 为第 i 次测量的误差。

（5）标准误差

标准误差亦称为均方根误差。其定义为

$$\sigma = \sqrt{\frac{\sum d_i^2}{n}}$$

上式应用于无限测量的场合。实际测量工作中，测量次数是有限的，则改用下式

$$\sigma = \sqrt{\frac{\sum d_i^2}{n-1}}$$

标准误差不是一个具体的误差，σ 的大小只说明在一定条件下等精度测量集合所属的每一个观测值对其算术平均值的分散程度，如果 σ 的值愈小则说明每一次测量值对其算术平均值分散度就小，测量的精度就高，反之精度就低。

在化工原理实验中最常用的 U 形管压差计、转子流量计、秒表、量筒、电压等仪表原则上均取其最小刻度值为最大误差，而取其最小刻度值的一半作为绝对误差计算值。

5. 测量仪表精确度

测量仪表的精确等级是用最大引用误差（又称允许误差）来标明的。它等于仪表示值中的最大绝对误差与仪表的量程范围之比的百分数。

$$\delta_{n\max} = \frac{\text{最大示值绝对误差}}{\text{量程范围}} \times 100\% = \frac{d_{\max}}{X_n} \times 100\%$$

式中：$\delta_{n\max}$—— 仪表的最大测量引用误差；

$\quad\quad d_{\max}$—— 仪表示值的最大绝对误差；

$\quad\quad X_n$—— 标尺上限值－标尺下限值。

通常情况下是用标准仪表校验较低级的仪表。所以，最大示值绝对误差就是被校表与标准表之间的最大绝对误差。

测量仪表的精度等级是国家统一规定的，把允许误差中的百分号去掉，剩下的数字就称为仪表的精度等级。仪表的精度等级常以圆圈内的数字标明在仪表的

面板上。例如某台压力计的允许误差为 1.5%，这台压力计电工仪表的精度等级就是 1.5，通常简称 1.5 级仪表。

仪表的精度等级为 a，它表明仪表在正常工作条件下，其最大引用误差的绝对值 δ_{max} 不能超过的界限，即

$$\delta_{nmax} = \frac{d_{max}}{X_n} \times 100\% \leqslant a\%$$

由上式可知，在应用仪表进行测量时所能产生的最大绝对误差（简称误差限）为

$$d_{max} \leqslant a\% \cdot X_n$$

而用仪表测量的最大值相对误差为

$$\delta_{nmax} = \frac{d_{max}}{X_n} \leqslant a\% \cdot \frac{X_n}{X}$$

由上式可以看出，用仪表测量某一被测量所能产生的最大示值相对误差，不会超过仪表允许误差 $a\%$ 乘以仪表测量上限 X_n 与测量值 X 的比。在实际测量中为可靠起见，可用下式对仪表的测量误差进行估计，即

$$\delta_m = a\% \cdot \frac{X_n}{X}$$

二、有效数字及其运算规则

在科学与工程中，测量或计算结果总是以一定位数的数字来表示的。不是说一个数值中小数点后面位数越多越准确。实验中从测量仪表上所读数值的位数是有限的，而取决于测量仪表的精度，其最后一位数字往往是仪表精度所决定的估计数字。即一般应读到测量仪表最小刻度的十分之一位。数值准确度大小由有效数字位数来决定。

1. 有效数字

一个数据，其中除了起定位作用的"0"外，其他数都是有效数字。如 0.0089 只有两位有效数字，而 890.0 则有四位有效数字。一般要求测试数据有效数字为 4 位。要注意有效数字不一定都是可靠数字。如测流体阻力所用的 U 形管压差计，最小刻度是 1mm，但我们可以读到 0.1mm，如 123.4mmHg。又如二等标准温度计最小刻度为 0.1℃，我们可以读到 0.01℃，如 18.96℃。此时有效数字为 4 位，而可靠数字只有三位，最后一位是不可靠的，称为可疑数字。记录测量数值时只保留一位可疑数字。

为了清楚地表示数值的精度，明确读出有效数字位数，常用指数的形式表

示，即写成一个小数与相应 10 的整数幂的乘积。这种以 10 的整数幂来记数的方法称为科学记数法。

如　　67800　　　有效数字为 4 位时，记为 6.780×10^4

　　　　　　　　　有效数字为 3 位时，记为 6.78×10^4

　　　　　　　　　有效数字为 2 位时，记为 6.8×10^4

　　　0.00123　　　有效数字为 4 位时，记为 1.230×10^{-3}

　　　　　　　　　有效数字为 3 位时，记为 1.23×10^{-3}

　　　　　　　　　有效数字为 2 位时，记为 1.2×10^{-3}

2. 有效数字运算规则

(1) 记录测量数值时，只保留一位可疑数字。

(2) 当有效数字位数确定后，其余数字一律舍弃。舍弃办法是"四舍六入"，即末位有效数字后边第一位小于 5，则舍弃不计；大于 5 则在前一位数上增 1；等于 5 时，前一位为奇数，则进 1 为偶数；前一位为偶数，则舍弃不计。这种舍入原则可简述为："小则舍，大则入，正好等于奇变偶"。如：保留 4 位有效数字

$$4.62729 \rightarrow 4.627$$

$$8.25285 \rightarrow 8.253$$

$$1.43356 \rightarrow 1.434$$

$$9.37656 \rightarrow 9.376$$

(3) 在加减计算中，各数所保留的位数，应与各数中小数点后位数最少的相同。例如将 24.65、0.0082 及 1.632 三个数字相加时，应写为 $24.65 + 0.01 + 1.63 = 26.29$。

(4) 在乘除运算中，各数所保留的位数，以各数中有效数字位数最少的那个数为准；其结果的有效数字位数亦应与原来各数中有效数字最少的那个数相同。例如：

$0.0121 \times 25.64 \times 1.05782$ 应写成 $0.0121 \times 25.64 \times 1.06 = 0.328$。上例说明，虽然这三个数的乘积为 0.3281823，但只应取其积为 0.328。

(5) 在对数计算中，所取对数位数应与真数有效数字位数相同。

第二节　实验数据的处理

实验数据处理，就是以测量为手段，以研究对象的概念，以状态为基础，以数学运算为工具，推断出某量值的真值，并导出某些具有规律性结论的整个过程。通常，实验的结果最初是以数据的形式表达的。要想进一步得出结果，必须

对实验数据做进一步的整理，使人们清楚地了解各变量之间的定量关系，以便进一步分析实验现象，提出新的研究方案或得出规律，指导生产与设计。数据处理的方法常见的有三种，即列表法、图示法和数学模型法。在化工原理实验中有时使用一种方法进行数据处理，有时将几种方法结合起来使用。

一、列表法

将实验数据按自变量和因变量的关系，以一定的顺序列出数据表，即为列表法。列表法有许多优点，如为了不遗漏数据，原始数据记录表会给数据处理带来方便；列出数据使数据容易比较；形式紧凑；同一表格内可以表示几个变量间的关系等。列表通常是数据处理的第一步，为标绘曲线图或整理成数学公式打下基础。列表法也是工程处理问题手段之一。

1. 实验数据表的分类

一般分为两大类：原始记录数据表和整理计算数据表。

（1）原始记录数据表必须在实验前设计好，以清楚地记录所有待测数据，如流体流动阻力的测定实验，原始记录数据表的格式见表 1-1 所列。

表 1-1　流体流动阻力的测定原始数据表

序号	流量	直管阻力		局部阻力	
	L/s	左读数/mm	右读数/mm	左读数/mm	右读数/mm
1					
2					
3					
4					
5					
6					
7					
8					

（2）整理计算数据表应简明扼要，只表达主要物理量（参变量）的计算结果，有时还可以列出实验结果的最终表达式，如流体流动阻力的测定实验整理计算数据表的格式见表 1-2 所列。

表 1-2　流体流动阻力的测定实验数据整理表

序号	V（m^3/s）	u（m/s）	$Re \times 10^{-4}$	h_f（J）	λ	ζ
1						
2						

（续表）

序号	V（m^3/s）	u（m/s）	$Re \times 10^{-4}$	h_f（J）	λ	ζ
3						
4						
5						
6						
7						
8						

2. 设计实验数据表应注意的事项

（1）数据表的表头要列出物理量的名称、符号和单位。符号与单位之间用斜线"/"隔开。斜线不能重叠使用。单位不宜混在数字之中，造成分辨不清。

（2）要注意有效数字位数，即记录的数字应与测量仪表的准确度相匹配，不可过多或过少。

（3）物理量的数值较大或较小时，要用科学记数法来表示。以"物理量的符号$\times 10^{\pm n}$/单位"的形式，将$10^{\pm n}$记入表头，注意：表头中的$10^{\pm n}$与表中的数据应服从下式：

$$物理量的实际值 \times 10^{\pm n} = 表中数据$$

（4）为便于排版和引用，每一个数据表都应在表的上方写明表号和表题（表名）。表格应按出现的顺序编号。表格的出现，在正文中应有所交代，同一个表尽量不跨页，必须跨页时，在此页上须注上"续表……"。

（5）数据表格要正规，数据一定要书写清楚整齐，不得潦草。修改时宜用单线将错误的划掉，将正确的写在下面。各种实验条件及作记录者的姓名可作为"表注"，写在表的下方。

二、图示法

实验数据图示法的优点是直观清晰，便于比较，容易看出数据中的极值点、转折点、周期性、变化率以及其他特性。准确的图形还可以在不知数学表达式的情况下进行微积分运算，因此得到广泛的应用。

图示法的第一步就是按列表法的要求列出因变量y与自变量x相对应的y_i与x_i数据表格。

作曲线图时必须依据一定的法则（如下面介绍的），只有遵守这些法则，才能得到与实验点位置偏差最小而光滑的曲线图形。

1. 坐标系的选择

化工中常用的坐标系为直角坐标系，包括笛卡尔坐标系（又称普通直角坐标系）、半对数坐标系和对数坐标系。市场上有相应的坐标纸出售，也可以在电脑上用 origin 作图。

（1）半对数坐标系

如图 1-2 所示，一个轴是分度均匀的普通坐标轴，另一个轴是分度不均匀的对数坐标轴。该图中的横坐标轴（x 轴）是对数坐标。在此轴上，某点与原点的实际距离为该点对应数的对数值，但是在该点标出的值是真数。为了说明作图的原理，作一条平行于横坐标轴的对数数值线。

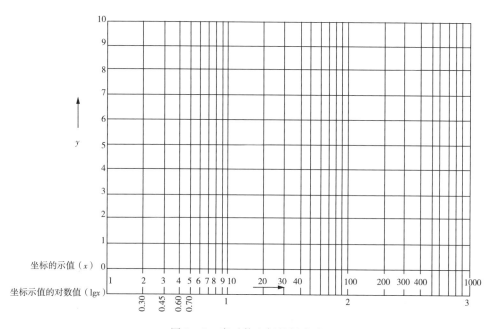

图 1-2　半对数坐标的标度法

（2）对数坐标系

两个轴（x 和 y）都是对数标度的坐标轴，即每个轴的标度都是按上面所述的原则作成的。

选用坐标系的基本原则：

① 在下列情况下，建议用半对数坐标纸。

a. 变量之一在所研究的范围内发生了几个数量级的变化。

b. 在自变量由零开始逐渐增大的初始阶段，当自变量的少许变化引起因变量极大变化时，此时采用半对数坐标纸，曲线最大变化范围可伸长，使图形轮廓清楚。

c. 需要将某种函数变换为直线函数关系，如指数 $y = a\mathrm{e}^{bx}$ 函数。

② 在下列情况下应用对数坐标纸：

a. 如果所研究的函数 y 和自变量 x 在数值上均变化了几个数量级。例如，已知 x 和 y 的数据为：

$x=$ 10，20，40，60，80，100，1000，2000，3000，4000

$y=$ 2，14，40，60，80，100，177，181，188，200

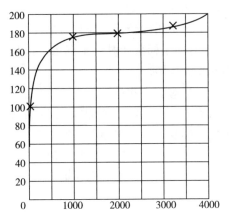

图 1-3　当 x 和 y 的数值按数量级
变化时在直角坐标值
上所做的图形

在直角坐标纸上作图几乎不可能描出 x 的数值等于 10、20、40、60、80 时，曲线开始部分的点（图 1-3），但是若采用对数坐标纸则可以得到比较清楚的曲线（图 1-4）。

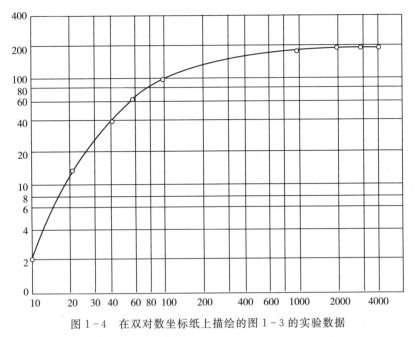

图 1-4　在双对数坐标纸上描绘的图 1-3 的实验数据

b. 需要将曲线开始部分划分成展开的形式。

c. 当需要变换某种非线性关系为线性关系时，例如，抛物线 $y=ax^{b}$ 函数。

2. 坐标分度的确定

坐标分度是指每条坐标轴所能代表的物理量的大小，即指坐标轴的比例尺。

如果选择不当，那么根据同组实验数据作出的图形就会失真而导致错误的结论。

坐标分度正确的确定方法：

（1）在已知 x 和 y 的测量误差分别为 $D(x)$ 和 $D(y)$ 的条件下，比例尺的取法通常使 $2D(x)$ 和 $2D(y)$ 构成的矩形近视为正方形，并使 $2D(x)=2D(y)=2mm$。根据该原则即可求得坐标比例常数 M。

$$x\text{ 轴比例常数 } M_x = \frac{2}{2D(x)} = \frac{1}{D(x)}$$

$$y\text{ 轴比例常数 } M_y = \frac{2}{2D(y)} = \frac{1}{D(y)}$$

式中：$D(x)$ 和 $D(y)$ 的单位为物理量的单位。

现已知一组实验数据为：

x	1	2	3	4
y	8.0	8.2	8.3	8.0

当上列数据 Y 的测量误差为 0.02 $[y\pm D(y)=y\pm 0.02]$，x 的测量误差为 0.05 $[x\pm D(x)=y\pm 0.05]$ 时，则按照这个原则，应当在如下的比例尺中描绘该组实验数据，即 x 轴单位：$1/D(x)=1/0.05=20mm$；Y 轴单位：$1/D(y)=1/0.02=50mm$。于是，在这个比例尺中的实验"点"的底边长度将等于 $2D(x)=2\times 0.05\times 20=2mm$，高度 $2D(y)=2\times 0.02\times 50=2mm$。图 1-5 即为按照这种坐标比例尺所描绘出的曲线图形。

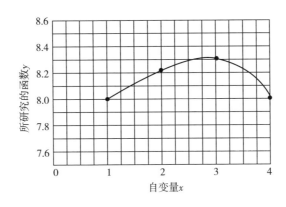

图 1-5　正确比例尺的曲线

（2）若测量数据的误差不知道，那么坐标轴的分度应与实验数据的有效数字位数相匹配，即实验曲线的坐标读数的有效数字位数与实验数据的位数相同。

在一般情况下，坐标轴比例尺的确定，既要不会因比例常数过大而降低实验数据的准确度，又不会因比例常数过小而造成图中数据点分布异常的假象。为此：

① 推荐让坐标轴的比例常数 $M=(1、2、5)\times10^{\pm n}$（$n$ 为正整数），而 3、6、7、8 等的比例常数绝不可用，后者的比例常数不但引起图形的绘制和事业麻烦，也极易引出错误；

② 若根据数据 x 和 y 的绝对误差 $D(x)$ 和 $D(y)$ 求出的坐标比例常数 M 不正好等于 M 的推荐值，可选用稍小的推荐值，将图适当地画大一些，以保证数据的准确度不因作图而降低。

3. 图示法应注意的事项

在化工原理实验中，用图示法表示实验数据，一定要注意下面几个方面：

（1）对于两个变量的系统，习惯上选横轴为自变量，纵轴为因变量。在两轴侧要标明变量名称、符号和单位，如离心泵特性曲线的横轴须标明：流量 Q（m^3/h）。尤其是单位，初学者往往受到纯数学的影响而忽略。

（2）坐标分度要适当，使变量的函数关系表现清楚，对于直角坐标的原点不一定选为零点，应根据所标绘数据范围而定，其原点应移至比数据中最小者稍小一些的位置为宜，能使图形占满全幅坐标线为原则。对于对数坐标，坐标轴刻度是按 1，2，…，10 的对数值大小划分的，其分度要遵循对数坐标的规律，当用坐标表示不同大小的数据时，只可将各值乘以 10^n（n 取正、负整数）而不能任意划分。对数坐标的原点不是零。在对数坐标上，1，10，100，1000 之间的实际距离是相同的，因为上述各数相应的对数值为 0，1，2，3，这与线性坐标上的距离相同。

（3）若在同一张坐标纸上同时标绘几组测量值，则各组要用不同符号（例如：◇，☆，□等）以示区别。若几组不同函数关系绘在一张坐标纸上，则应在曲线上标明函数关系名称。

（4）图必须有图号和图例，图号应按出现的顺序编写，并在正文中有所交代。必要时还应有图注。

（5）图线应光滑。利用曲线板等工具将各离散点连接成光滑曲线，或使用绘图软件（如 origin），并使曲线尽可能通过较多的实验点，或者使曲线以外的点尽可能位于曲线附近，并使曲线两侧的点数大致相等。

三、数学模型法

在化工原理实验中，除了用表格和图形描述变量间的关系外，还常常把实验数据整理成方程式，以描述过程或现象的自变量和因变量之间的关系，即建立描述过程的数学模型，其方法是将实验数据绘制成曲线，与已知的函数关系式的典型曲线进行对照选择，然后用图解法或者回归分析法确定函数式中的各种常数，所得函数表达式是否能准确地反映实验数据所存在的关系，应通过检验加以确认。运用计算机将实验数据结果回目为数学方程已成为实验数据处理的主要手段。数学模型选择的原则是：既要求形式简单，所含常数较少，同时也希望能准确地表达实验数据之间的关系，但要同时满足这两点往往难以做到，通常是在保证必要准确度的前提下，尽可能选择简单的函数形式或者经过适当方法转换成线性关系的函数形式，使数据处理工作得以简单化。

1. 经验公式的选择

鉴于化学和化工是以实验研究为主的科学领域，很难由纯数学物理方法推导出确定的数学模型，而是采用半理论方法、纯经验方法和由实验曲线的形状确定相应的经验公式。

（1）半理论分析方法

化工原理课程中介绍的，由因次分析法推求出准数关系式，是最常见的一种方法。用因次分析法不需要首先导出现象的微分方程。但是，如果已经有了微分方程暂时还难于得出解析解，或者又不想用数值解时，也可以从中导出准数关系式，然后由实验来最后确定其系数值。例如，动量、热量和质量传递过程的准数关系式分别为：

$$\text{Eu}=A\left(\frac{l}{d}\right)^{a}\text{Re}^{b}\qquad \text{Nu}=B\,\text{Re}^{c}\text{Pr}^{d}\qquad \text{Sh}=C\,\text{Re}^{e}\text{Sc}^{f}$$

式中各式中的常数（例如 A，a，d）可由实验数据通过计算求出。

（2）纯经验方法

根据各专业人员长期积累的经验，有时也可决定整理数据时应采用什么样的数学模型。比如，在不少化学反应中常有：

$y=ae^{bt}$ 或者 $y=ae^{bt+a^2}$ 形式。对溶解热或热容和温度的关系又常常可用多项式 $y=b_0+b_1x+b_2x^2+\Lambda+b_mx^m$ 来表达。又如在生物实验中培养细菌，假设原来细菌的数量为 a，繁殖率为 b，则每一时刻的总量 y 与时间 t 的关系也呈指数关系，即 $y=ae^{bt}$ 等。

（3）由实验曲线求经验公式

如果在整理实验数据时，对选择模型既无理论指导，又无经验可以借鉴，此时将实验数据先标绘在普通坐标纸上，得一直线或曲线。

如果是直线，则根据初等数学，可知：$y=a+bx$，其中 a、b 值可由直线的截距和斜率求得。

如果不是直线，也就是说，y 和 x 不是线性关系，则可将实验曲线和典型的函数曲线相对照，选择与实验曲线相似的典型曲线函数，然后用直线化方法，对所选函数与实验数据的符合程度加以检验。

直线化方法就是将函数 $y=f(x)$ 转化成线性函数 $Y=A+BX$，其中 $X=\Phi(x, y)$，$Y=\Psi(x, y)$（Φ，Ψ 为已知函数）。由已知 x_i 和 y_i，按 $Y_i=\Psi(x_i, y_i)$，$X_i=\Phi(x_i, y_i)$ 求得 X_i 和 Y_i，然后将（X_i，Y_i）在普通直角坐标上标绘，如得一直线，即可定系数 A 和 B，并求得 $y=f(x)$ 的函数关系式。

如 $Y_i=f(X_i)$ 偏离直线，则应重新选定 $Y_i=\Psi(x_i, y_i)$，$X_i=\Phi(x_i, y_i)$，直至 $Y-X$ 为直线关系为止。

例 1-1 实验数据 x_i，y_i 如下，求经验式 $y=f(x)$。

x_i	1	2	3	4	5
y_i	0.5	2	3.5	8	12.5

在本例题中仅介绍求解经验公式的方法，故给出的例子中的实验数据省略了"单位"，下同。

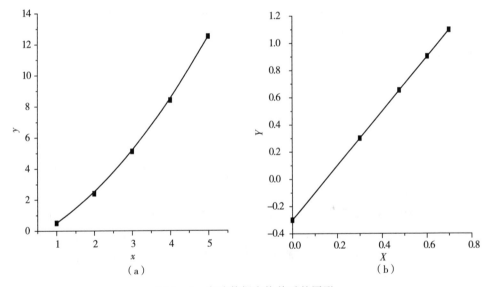

图 1-6 实验数据变换前后的图形

解：将 x_i，y_i 标绘在直角坐标纸上得图 1-6（a）。

由 $y-x$ 曲线可见其形状类似幂函数曲线，则令 $Y_i=\lg y_i$，$X_i=\lg x_i$。

计算得：

X_i	0.000	0.301	0.477	0.602	0.699
Y_i	−0.301	0.301	0.653	0.903	1.097

将 X_i 和 Y_i 仍标绘于普通直角坐标纸上，得一直线，如图 1-6 (b) 所示。

由图上读得截距 $A=-0.301$，

由直线的点读数求斜率，得：

斜率：$B=\dfrac{1.097-(-0.301)}{0.699-0}=2$

则得：$\lg y=-0.301+2\times\lg x$

所以幂函数方程式为：$y=0.5x^2$

2. 常见函数的典型图形及线性化方法

常见函数的典型图形及线性化方法列于表 1-3 中。

表 1-3　化工中常见的曲线与函数式之间的关系（摘自《化工数据处理》）

序号	图形	函数及线性化方法
(1)	 $(b>0)$　　$(b<0)$	双曲线函数 $y=\dfrac{x}{ax+b}$ $Y=\dfrac{1}{y}$，$X=\dfrac{1}{x}$ 则得直线方程 $Y=a+bX$
(2)		S 形曲线 $y=\dfrac{1}{a+b^{-x}}$ $Y=\dfrac{1}{y}$，$X=\mathrm{e}^{-x}$ 则得直线方程 $Y=a+bX$
(3)	 $(b<0)$　　$(b>0)$	指数函数 $y=a\mathrm{e}^{bx}$ $Y=\lg y$，$X=x$，$k=b\lg e$ 则得直线方程 $Y=\lg a+kX$
(4)	 $(b>0)$　　$(b<0)$	指数函数 $y=a\mathrm{e}^{\frac{b}{x}}$ $Y=\lg y$，$X=\dfrac{1}{x}$，$k=b\lg e$ 则得直线方程 $Y=\lg a+kX$

（续表）

序号	图形	函数及线性化方法
（5）	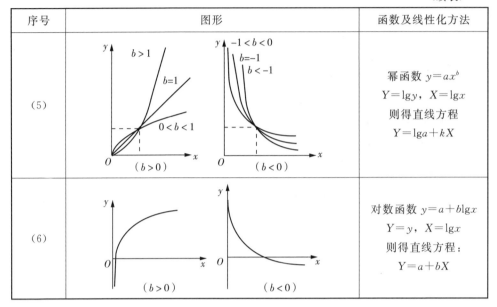	幂函数 $y=ax^b$ $Y=\lg y$，$X=\lg x$ 则得直线方程 $Y=\lg a+kX$
（6）		对数函数 $y=a+b\lg x$ $Y=y$，$X=\lg x$ 则得直线方程： $Y=a+bX$

例如：幂函数 $y=ax^b$，

两边取对数 $\lg y=\lg a+b\times\lg x$，

令 $X=\lg x$，$Y=\lg y$，

则得直线化方程 $Y=\lg a+bX$

在普通直角坐标中标系绘 Y-X 关系，或者在对数坐标系中标绘 y-x 关系，便可获得直线。幂函数 $y=ax^b$ 在普通直角坐标中的图形以及式中 b 值改变时所得各种类型的曲线见表 1-3（5）所列。

第三节　测量仪表和测量方法

流体压强、流量以及温度都是化工生产和科学实验中操作条件的重要信息，它是必须测量的基本参数。因此，本章就它们的测量作概要地介绍。

一、流体压强的测量方法

流体压强测量可分成流体静压测量和流体总压（滞止压强）的测量，前者可采用在管道或设备壁面上开孔测压的办法，也可以将静压管插入流体中，并使管子轴线与来流方向垂直，即测压管端面与来流方向平行的方法测压；后者可用总注管（亦称 Pitot）的办法。在化工生产和实验中，经常遇到流体静压强的测量

问题，因此着重讨论如何正确测量流体的静压强。

1. 常用的压强计

根据压强的基准，压强的表示方法可分为两种，以绝对零压为基准的称为绝对压；以物理大气压为基准的，称为表压，或真空度，如图 1-7 所示。压强计的型式繁多，但在化工实验中比较常用的有如下几种。

（1）液柱式压强计

液柱式压强计是基于流体静力学原理设计的。结构比较简单，精度较高。既可用于测量流体的压强，又可用于测量流体的压差。其基本形式如下：

① U 形管压强计

如图 1-8 所示，这是一种最基本最常见的压强计，它是用一根粗细均匀的玻璃管弯制而成，也可用两支粗细相同的玻璃管做成连通器形式。玻璃管内充填工作指示液（一般用水银、水）。U 形压强计在使用前，工作液处于平衡状态，当作用于 U 形压强计两端的势能不同时，管内一边液柱下降，而另一边则上升，重新达到平衡状态。

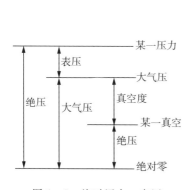

图 1-7 绝对压力、表压
和真空度之间的关系

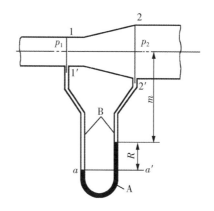

图 1-8 U 形式管差计示意图

② 单管式压强计

单管式压强计是 U 形压强计的一种变形，即用一只杯形代替 U 形压强计中的一根管子，如图 1-9 所示。由于杯的截面远大于玻璃管的截面（一般二者之比值，要等于或大于 200），所以在其两端作用不同压强时，细管一边的液柱从平衡位置升高 h_1，杯形一边下降 h_2。根据等体积原理，$h_1 \gg h_2$，故 h_2 可忽略不计。因此，在读数时只要读一边液柱高度，其读数误差可比 U 形压差计减少一半。

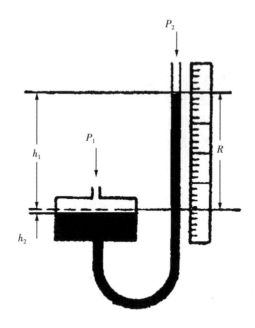

图 1 - 9 单管压强计

③ 倾斜式压强计

倾斜式压强计是把单管压强计或 U 形压强计的玻璃管与水平方向作 α 角度的倾斜，如图 1 - 10 所示。倾斜角的大小可以调节。它使读数放大了 $\frac{1}{\sin\alpha}$ 倍，即：

$$R' = \frac{R}{\sin\alpha}$$

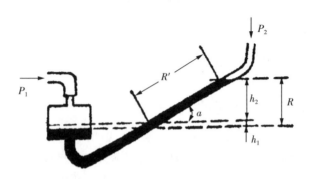

图 1 - 10 倾斜式压强计

市场上供应的 Y - 61 型倾斜微压计，就是根据这个原理设计、制造的。它的结构如图 1 - 11 所示。微压计使用密度为 0.81 的酒精作指示液。不同倾斜角的正弦值以相应的 0.2、0.3、0.4 和 0 为数值标刻在微压计的弧形支架上，以供应用时选择。

④ 补偿式微压计

补偿式微压计如图 1-12 所示。设在螺杆上的调节水匣和固定不动的观测筒用一根软管连通起来，螺杆下部为轴承，上部则与微调盘固定在一起，旋转微调盘便螺杆转动，调节水匣则在螺杆上做上下移动。未测量时将水

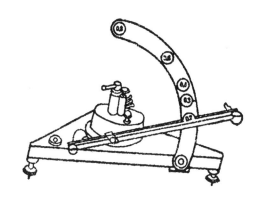

图 1-11 Y-61 型倾斜微压计结构示意图

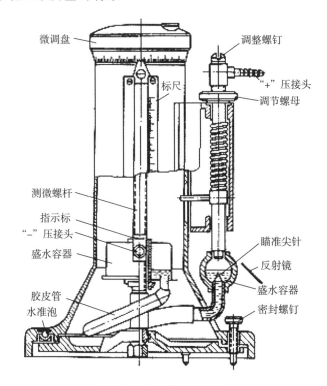

图 1-12 补偿式微压计

匣调到最低位置，这时游标及微调盘皆指零。观察筒内的液面恰好淹没到水准头的尖顶。测量时高压通入观测筒，低压通入水匣，于是观测筒内液面下降，水准头露出液面，而调节水匣内的液面升高，这时旋转微调盘使水匣升高，则观察筒内的液面也跟着升高。当液面升高到恰好再与水准头的尖顶相平时，说明观察筒

和调节水匣内的压差恰好由水匣升高的水位所补偿。升高的高度，由水匣带动的游标在标尺上读得。

补偿式微压计精度较高，读数可精确到 0.01mm，但读数调节过程太慢。因此，不适用于压强不稳定的场合。

水准头的位置可由装在观察筒上的反射镜看出，当反射镜中水准头的尖顶和其映象尖顶正好相碰时，压强处于平衡状态。

使用前必须先拧开高压端上方的螺丝，灌进适量蒸馏水（液面在水准头尖顶附近）。同时还须注意量程，最好能用 U 形压差计预测压强或压差大致范围，将水匣预先调节至该范围内，而后再接入测压系统进行微调。

⑤ 双液液柱压差计

双液液柱压差计如图 1-13 所示。它一般用于测量气体压差的场合。ρ_1 和 ρ_2 分别代表两种指示液的密度。由流体静力学原理：

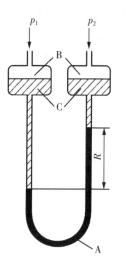

$$p_1 - p_2 = R (\rho_2 - \rho_1) g$$

当 Δp 很小时，为了扩大读数 R，减小相对读数误差，可以减小（$\rho_2 - \rho_1$）来实现，如，（$\rho_2 - \rho_1$）愈小，R 就愈大，但两种指示液必须有清晰的分界面，所以工业上常用石蜡油和工业酒精，实验中常用苯甲基醇和氯化钙溶液。氯化钙溶液的密度可以用不同的浓度来调节。

图 1-13　双液液柱微压计

由于指示液同玻璃管会发生毛细现象，所以在自制液柱式压强计时，应当选用内径不小于 5mm（最好要大于 8mm）的玻璃管，以减小毛细现象引起的误差。

液柱式压强计，一般仅用于 1×10^5 Pa 以下的正压或负压（或压差）的场合。这是因玻璃管的耐压能力低和长度所限。

（2）弹性式压强计

弹性式压强计是借助于弹性元件受压后产生弹性变形而引起位移的性质。目前在实验室中最常见的是弹簧管压强计（或称波登管压强计），它的测量范围宽，应用广泛。

① 弹簧管压强计

弹簧管压强计中心部分是一根呈弧形的扁椭圆状的空心管。管的一头封闭，另一头与测压点相接。受压后，此臂发生弹性变形（伸直或收缩），微小的位移量由封闭着的一头带动机械传动装置使指针显示相应的压力值。该压强计用于测量正压，称为压力表；测量负压的，称为真空表。

　　在选用弹簧管压强计时，要注意工质的物性和量程。操作压强比较稳定时，操作指示值一般选在其最程的三分之二处。若操作压强经常变动时，应在其量程的二分之一处。同时还要注意其精度，一般在表面的下方一个小圆圈中的数字代表该表的精度级，数值越小其精度越高。如：0.4 总表示该表为 0.4 级。对于一般指示常用 2.5 级、1.5 级或 1 级，测量精度要求较高的可用 0.4 级以上的表。弹簧管压强计结构如图 1-14 所示。

　　② 膜式压差计

　　膜式压差计的测压弹性元件是平面膜片或柱状的波纹管，受压后引起变形和位移。位移量通过放大机构以指针显示其压差值，或将位移量的信息转化成电信号远传指示。后者称为压差变送器或压力变送器。

　　压差（或压力）变送器借助于测压元件（弹性元件）受压后变形位移，经转换成电信号而实施压强或压差的测量。转换方式有两种：a. 位移量通过差动变压器转化成电信号，再经过放大，输出 0~10mA 信号。在一定量程范围内表示相应的压差（或压强）。OMD 型膜片差

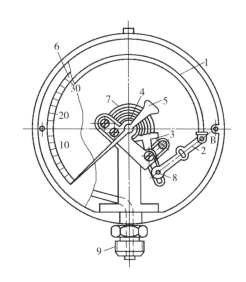

图 1-14　弹簧管压强计结构

压变送器是按这种转化方式设计的产品。当膜片受压变形，产生位移，而带动差动变压器内的铁心移动，通过电磁感应将膜片的行程转化为电信号。b. 借助于力矩平衡原理进行测量。DBY 压力变送器是根据此原理设计而成。被测压强信号通过测量元件（波纹管）转换成作用力，所产生的力矩又使力矩平衡转换机构的主杠杆产生偏转 φ，同时带动副杠杆上检测片产生位移。该位移由晶体管位移检测放大器转换成电流信号，该电流输入位于永久磁钢内的动圈，产生电磁力，从而产生反力矩。当与作用力矩相平衡，检测片不再位移。这时，放大器输出电流与输入的压强成正比。由此可得压强的测量值。

　　这类压差、压强变送器的电信号能指示、记录和远距离传输。它能代替水银 U 形压差计，消除水银的污染，但精确度比 U 形压差计差。

　　2. 压强测量要点

　　(1) 正确选用压强计

　　① 要预先了解工质的压强大小、变化范围以及对测效精度的要求，从而选

择适当量程和精度级的测压仪表。由于仪表的量程直接影响测量的相对误差，因此，选择仪表时要同时考虑精度调量程。

② 要预先了解工质的物性和状态，如：黏度大小、是否具有腐蚀性、温度高低和清洁程度等。

③ 周围环境的情况，如：温度、湿度、振动的情况以及是否存在腐蚀性气体等。

④ 压强信息是否需要远距离传输或记录等。

（2）测压点的选择

为了正确测得静压值，测压点的选择十分重要。它必须尽量被选在受流体流动干扰最小的地方，如在管线上测压，测压点应试选在离流体上游的管线弯头、阀门或其他障碍物 $40\sim50$ 倍管内径的距离，使紊乱的流线经过该稳定段后在近壁面处的流线与管壁面平行，从而避免了动能对测量的影响。倘若条件所限，不能保证 $(40\sim50)d$ 内站的稳定段，可设置整流板或整流管，以消除动能的影响。

（3）测压孔口的影响

测压孔又称取压孔。由于在管道管面上开设了测压孔，不可避免地扰乱它所在处流体流动的情况，在流体流过孔时其流线会向孔内弯曲，并在孔内引起旋涡。因此，从测压孔引出的静压强和流体真实的静压强存在误差。前人已发现该误差与孔附近的流动状态有关，也与孔的尺寸、几何形状、孔轴的方向、孔的深度及开孔处壁面的粗糙度等有关。实验研究证实，孔径尺寸越大，流线弯曲越严重，测量误差也越大，从理论上讲，测压孔口越小越好，但孔口太小导致加工困难，且易被脏物堵塞。另外，孔口太小，使测压的动态性能差。一般孔径为 $0.5\sim1$mm，精度要求稍低的场合，可适当放大孔径，以减少加工的难度和防止脏物堵塞孔口。

为了保证测量精度，对壁面的测压孔口有如下要求：$d_{孔}=0.5\sim1$mm，孔深 h，孔径 $d\geqslant3$，孔的轴线要垂直壁面，孔的边缘不应有毛刺，孔周围的管道壁面要光滑，不应有凹凸部分。因测压是以管壁面上的测量值表示该断面处的静压。为此，可在该断面装测压环，使各个测压孔相互贯通，借以消除管道断面上各点的静压差或不均匀流动引起的附加误差。测压环的基本结构如图 1-15 所示。若管道尺寸不太大，并且测量精度要求不高时，常以单个测压孔代替测压环。测压孔的方位，根据工质的情况而定。当工质为气体时，一般孔口位于管道的上方；为蒸汽时，位于管道的侧面；为液体时，位于与水平铀线成 $45°$ 角处。

（4）正确安装和使用压强计

① 引压导管

引压导管系测压管或测压孔和压强计之间的连接导管。它的功能是传送压

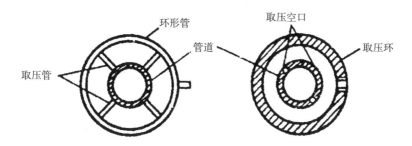

图 1-15　测压环

强，在正常态下，引压导管内的流体是完全静止的，导管内的压强按静力学规律分布，即仅与高度有关。由此可知，测压点处的压强可从压强计的值求取。

为了保证在引压导管内不引起二次环流，管径应较细，但细而长的导管的阻尼作用很大，特别是当测压孔很小时阻尼作用更大，使灵敏度下降。因此，引压导管的长度尽可能缩短。对于在所测压强为被动较大的场合，为使读数稳定，往往需要利用引压导管的阻尼作用，此时可关小引压导管上的减压阀，或将引压管制作成盘形管。

在引压导管工作过程中，必须防止两种情况：阻塞和泄漏，否则会给测量带来很大的误差。在测量气体压强时，往往由于液滴或尘埃被带入引压导管而导致导管阻塞；在测量液体压强时，往往因导管内残留空气而被阻塞。为此，引压导管最好能垂直安装或至少不小于 1:10 的倾斜度，并在其最低处安装集灰漏斗，或在最高处安装放气阀。引压导管安装时要注意密封性，否则将使测量值较大地偏离真值，对于实验工作者，要引起足够的重视。

② 在测压点装切断阀（或称测压阀），以便于引压导臂和压强计的拆修。对于精度级较高的或量程较小的压强计，切断阀可防止压强的突然冲击或过载。

③ 在安装液柱式压强计时，要注意安装的垂直度。

④ 在使用液柱式压强计时，必须做好引压管的排污或排气工作。读数时视线应与分界面之弯月面相切。

二、流量的测量方法

流量系指单位时间内流过管截面的流体量。若流过的量以体积表示，称为体积流量 Q_v；以质量表示，称为质量流量 Q_m；以重量表示，称为重量流量 Q_w。它们之间的关系为：

$$Q_m = \frac{Q_w}{g} = \rho Q_v$$

式中：g 是测量地的重力加速度；ρ 是被测流体的密度，它随流体的状态而变。因此，以体积流量描述时，必须同时指明被测流体的压强和温度。为了便于比较，以标况下，即 $1.013 \times 10^5 Pa$、温度 $20℃$ 的体积流量表示。

由于流量具有瞬时特性，在某段时间内流过的流体量可以用在该段时间间隔内流量对时间的积分而得到，读值称为积分流量或累计流量。它与相应的间隔时间之比，称为该段时间内的平均流量，或简称为流量。

鉴于流量的表示方法有体积和质量（或重量）两种，故最简单的流量测量方法是量体积法和称重法。它们是从测量流体的总量（体积或质量）和间隔时间，得到的平均流量（或流量）。它适用于在缺乏测量仪表和流体量很小的场合。

目前测量流量的仪表大致可分为三类：即速度法、体积法和质量流量法。

1. 速度式测量方法

速度式测量方法是以直接测量管道内流体的流速 u 作为流量测量的依据。若测得的是管道上的平均流速 u_m，则流体的体积流量：

$$Q_v = u_m A$$

式中 A 是管道截面积。

若测得的是管道中某一点的流速 u，则

$$Q_v = KuA$$

式中 $K = \dfrac{u_m}{u}$ 速度分布系数。

速度分布系数和流体在管道中的流动状态有关。在圆管中作层流和湍流流动时，速度分布如图 1-16 所示。由理论和实验知，定态流动时，圆管中心处的速度分布系数，层流：$K = 0.5$；充分发达的湍流：$K = 0.8$。若在管中的入口段和阀门、弯头等管件之后，流线紊乱，流态不稳定，速度分布系数为不定值。为了保证速度式流量测量仪表的测量精度，要求在仪表的前后保持一定的直管段，或设置整流装置。

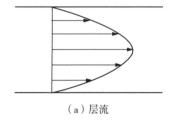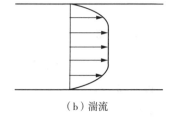

（a）层流　　　　　　　　　　　　　　（b）湍流

图 1-16　圆管中流体的速度分布

属于速度式这类的仪表种类繁多，本节仅介绍实验中常用的几种。

（1）测速管（俗称毕托管）

测速管实际上是将静压管和总压管结合在一起。其测量原理已在化工原理课本中详尽叙述，且测速管的结构尺寸已标准化。对于标准的测速管：

$$u = \alpha\sqrt{\frac{\Delta p}{\rho}}$$

式中：流速系数 α 为1，Δp 是测速管探头驻点和静压孔口处总势能差。若不是标准化的测速管，必须在标准风洞中进行校正，取得流速系数 α 值后才能使用。为了使流场不致干扰，被测的管道内径与测速管直径之比应大于50。

测速管测得的是流体的点速度，若用它测定管道截面上的平均速度，必须在管截面上通过选定若干个测速点，然后求取其所测流速的平均值，测速点按"对数—线性"模型，即管截面上的流速分布符合如下数学模型

$$u = A\log y + Bu + C$$

式中 y 为测速点距管壁的距离，A、B、C 为常数。

测速管安装时要注意：①探头一定要对准来流，任何角度的偏差都会造成测量误差。②测速点位于均匀流段。为此上下游均应保持有 $50d$ 以上的直管距离，或设置整流装置。

测速管常用于气体流速的测量。测速范围在 $0.6\sim60m/s$，其下限受压差计的精度限制，上限受气体压缩性的影响。若用在测定平均速度和体积流量时，则实验工作量大，而且要经过数据处理，才能获得相应的数据。因此，一般仅用于工况比较稳定的测试工作，或用于大口径的流量计的标定工作。

（2）孔板流量计和喷嘴流量计

孔板流量计和喷嘴流量计都是基于流体的动能和势能相互转化的原理设计的。它们的基本结构如图1-17，图1-18所示。流体通过孔板或喷嘴时流速增加，从而在孔板或喷嘴的前后产生势能差。它可以由引压管在压差计或差压变送器上显示。

对于标准的孔板和喷嘴的结构尺寸，加工精度、取压方式、安装要求、管道的粗糙度等都有严格的规定，只有满足这些规定条件及制造厂提供的流量系数时，才能保证测量的精度。

非标准孔板和喷嘴是指不符合标准孔板规范的，如自己设计制造的孔板。对于这类孔板和喷嘴，在使用前必须进行校正，取得流量系数或流量校核曲线后才能投入使用。在设计制造孔板时，孔后的选择要按流量大小、压差计的量程和允许的能耗综合考虑。为了使流体的能量耗损控制在一定范围内，并保证仪表的灵

敏度，孔径 d 和管径 D 之比，推荐为 $0.45 \sim 0.50$。

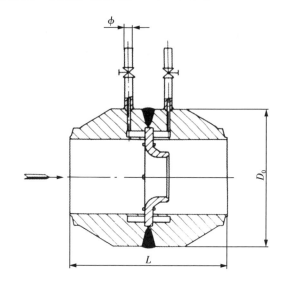

图 1-17 喷嘴流量计

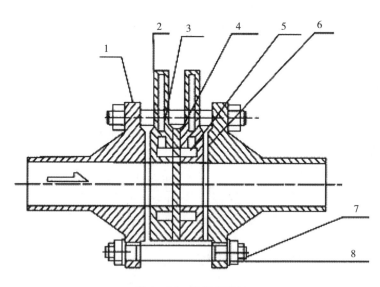

图 1-18 孔板流量计

孔板和喷嘴的安装，一般要求保持上游有 $30D \sim 50D$ 和下游有不小于 $5D$ 的直管稳定段。孔口的中心线应与管轴线相重合。对于标准孔板或是已被确定了流量系数的孔板，在使用时不能反装，否则会引起较大的测量误差。正确的安装是孔口的钝角方向与流向相同。由于孔板或喷嘴的取压方式不同会直接影响其流量系数的值。标准孔板采用角接取压或法兰取压，标准喷嘴采用角接取压，使用时按要求连接。自制孔板除采用标准孔板的方法外，尚可采用径距取压，即上游取压口距孔核端面 $1D$，下游取压口距孔板端面 $D/2$。

孔板流量计结构简单，使用方便，可用于高温、高压场合，但流体流经孔板能量损耗较大。若不允许能量消耗过大的场合，可采用文丘里流量计，其原理与孔板类同，不再赘述。按照文丘里流量计的结构，设计制成的玻璃毛细管流量计测量小流量。它已在实验中获得广泛使用。

（3）转子流量计

转子流量计又称浮子流量计，如图 1-19 所示。它是实验室最常见的流量仪表之一。特点是量程比较大，可达 10∶1。直观，势能损失较小。它适合于小流量的测量。

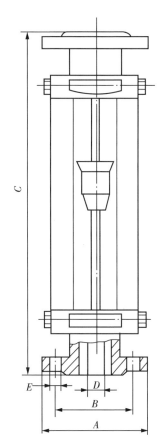

转子流量计安装时要特别注意垂直度，不允许有明显的倾斜（倾角小于 2°），否则会带来测量误差。为了检修方便，在转子流量计上游设置调节阀。由于转子流量计在出厂前经过标定，一般标定介质为水或空气，介质状态为 $1.013 \times 10^3 \mathrm{Pa}$，20℃。

若使用条件和工厂标定条件不符时，可采用下式进行修正或现场重新标定。

对于液体：

$$Q = Q_N \sqrt{\frac{\rho_0 (\rho_1 - \rho)}{\rho (\rho_1 - \rho_0)}}$$

式中：Q——实际流量值；

Q_N——刻度流量值；

ρ——20℃时，水的密度；

ρ_0——被测介质密度；

ρ_1——转子的密度。

对于空气：

$$Q = Q_N \sqrt{\frac{\rho_0 p_0 T}{\rho p T_0}}$$

式中：ρ_0——标定介质（空气）的密度；

ρ——被测介质的密度；

p_0、T_0——标定的空气状况：$1.013 \times 10^5 \mathrm{Pa}$，293K；

图 1-19 转子流量计示意图

p、T——实标测量时被测介质的绝对压强和绝对温度。

在实际使用时，当测量范围超出现有转子流量计的尺程，只要更换不同密度的转子即可。在转子形状保持相同的情况下，流量按下式修正。

$$Q = Q_N \sqrt{\frac{G}{G_N}}$$

式中：G——更换转子材料后的转子质量；

G_N——原来转子的质量。

（4）涡轮流量计

涡轮流量计为速度式流量计，是在动量守恒原理的基础上设计的。涡轮叶片因受流动流体冲击而旋转，旋转速度随流量的变化而改变。通过适当的装置，将涡轮转速转换成电脉冲信号。通过测量脉冲频率，或用适当的装置将电脉冲转换成电压或电流输出，最终测取流量。

① 涡轮流量计的优点为：

a. 测量准确度高，可以达到0.5级以上，在狭小范围内甚至可达0.1%，故可作为校验1.5～2.5级普通流量计的标准计量仪表。

b. 反应迅速，被测介质为水时，其时间常数一般只有几到几十毫秒，故特别适用于对脉动流量的测量。

② 涡轮流量计结构及工作原理

如图1-20所示，涡轮流量传感器的主要组成部分有前、后导流器，涡轮，磁电感应转换器（包括永久磁铁和感应线圈），前置放大器。导流器由导向环

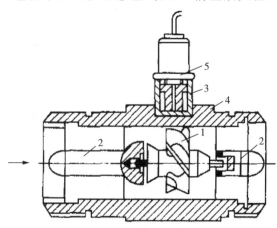

图1-20　涡轮流量计

1—涡轮；2—导流器；3—磁电感应转换器；4—外壳；5—前置放大器

（片）及导向座组成。流体在进入涡轮前先经导流器倒流，以避免流体的自旋改变流体与涡轮叶片的作用角度，保证仪表的精度。导流器装有摩擦很小的轴承，用以支撑涡轮。轴承的合理选用对延长仪表的使用寿命至关重要。涡轮由高导磁不锈钢制成，装有数片螺旋型叶片。当流体流过时，推动导磁性叶片旋转，周期性地改变磁电系统的磁阻值，使通过涡轮上方线圈的磁通量发生周期性变化，因而在线圈内感应出脉冲电信号。在一定流量范围内，该信号的频率与涡轮速度成正比，也就与流量成正比，因此通过脉冲电信号频率的大小得到被测流体的流量。

2. 体积式测量方法

体积式测量方法，又称容积式测量方法。它是通过单位时间内由流量仪表排出 v 倍标准体积的流体来实现的。以 N_e 表示标准体积，则流体的体积流量为

$$Q_v = v N_e$$

为了提高测量精度，防止杂质进入仪表，导致转动部分被卡住和磨损，在仪表的上游管线上要安装过滤器。

（1）湿式气体流量计

湿式气体流量计如图 1-21 所示。绕轴转动的转鼓被隔板分成四个气室，气体通过轴从仪表背面的中心进气口引入。由于气体的进入，推动转鼓转动，并不断地将气体排出。转鼓每转动一圈，有四个标准体积的气体排出，同时通过齿轮机构由指针指示或机械计数器计数，也可以将转鼓的转动次数转换成电信号作远传显示。

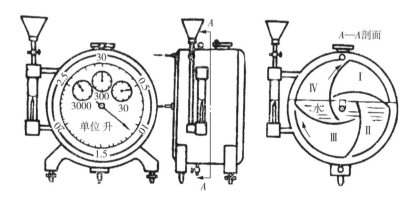

图 1-21 湿式气体流量计

湿式气体流量计，在测量气体体积总量时，其准确度较高，特别是小流量时，它的误差比较小。它是实验室常用的仪表之一。

湿式流量计每个气室的有效体积是出预先注入流量计内的水面控制的，所以

在使用时必须检查水面是否达到预定的位置，安装时，仪表必须保持水平。

（2）皂膜流量计

皂膜流量计由一根具有上、下两条刻度线指示的标准体积的玻璃管和含有肥皂液的橡皮球组成，如图1-22所示。肥皂液是示踪剂。当气体通过皂膜流量计的玻璃管时，肥皂液膜在气体的推动下沿管壁缓缓向上移动。在一定时间内皂膜通过上、下标准体积刻度线，表示在该时间内通过由刻度线指示的气体体积量，从而可得到气体的平均流量。

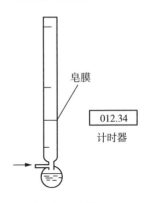

图1-22 皂膜流量计

为了保证测量精度，皂膜速度应小于4cm/s，安装时保证皂膜流量计的垂直度。每次测量前，按一下橡皮球，使在管壁上形成皂膜以便指示气体通过皂膜流量计的体积。为了使皂膜在管壁上顺利移动，在使用前须用肥皂液润湿管壁。

皂膜流量计结构简单，测量精度高。可作为校准流量计的基准流量计。它便于实验室制备。推荐尺寸有管子内径为1cm，长度25cm和管子内径为10cm，长度100～150cm两种规格。

（3）椭圆齿流量计

椭圆齿流量计适用于黏度较高的流体，如润滑油的计量。它是由一对椭圆状互相啮合的齿轮和壳体组成，如图1-23所示。在流体压差的作用下，各自绕其轴旋转。每旋转一周排出四个齿轮与壳体间形成月牙形体积的流体。

此外，在实验室中也时常以计量泵作为液体的计量工具。这时需保持泵的转速或往复速度稳定，以保证计量的准确度。

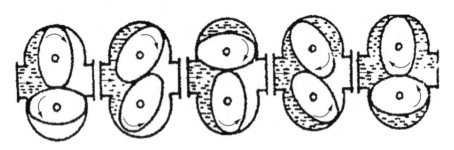

图1-23 椭圆齿轮工作示意图

3. 质量流量计

由上述两种方法测得的流体体积流量都受到流体的工作压强、温度、黏度、组成以及相变化等因素的影响而带来测量误差，而质量流量计可不受上述诸图素的影响。它是一种比较新型的流量计，在工程实验中得到越来越多的使用。

由于质量流量

$$Q_m = A\rho u_m$$

式中：A——流通截面积；

　　ρ——流体密度；

　　u_m——流体在截面上的平均流速。

如果 A 为常数，则只要测得单位体积内流体的流量 ρu_m，即可得到质量流量 Q_m。测量质量流量的方法较多，现介绍目前工业上使用较多的温度、压力补偿式质量流量计的作用原理。

4. 流量计的校正

对于非标准化的各种流量仪表，例如，转子、涡轮、椭圆齿轮等流量计仪表制造厂在出厂前都进行了流量标定，建立流量刻度标尺，或给出流量系数、校正曲线。必须指出，仪表制造厂商以空气或水为工作介质，在标准技术状况下标定得到上述数据的。然而，在实验室或生产上应用时，工作介质、压强、温度等操作条件往往和原来标定时的条件不同。为了精确地使用流量计，则在使用之前需要进行现场校正工作。另外，对于自行改制（如更换转子流量计的转子）或自行制造的流量计，更需要进行流量设计的标定工作。

对于流量计的标定和校验，一般采用体积法、称重法和基准流量计法。

体积法或称重法是通过测量一定时间内排出的流体体积量或质量来实现的。基准流量计法是用一个已校正过的精度级较高的流量计作为被校验流量计的比较基准。流量计的标定的精度取决于测量体积的容器或称重的秤、测量时间的仪表以及基准流量计的精度。以上各个测量精度组成整个标定系统的精度，即被测流量计的精度，由此可知，若采用基准流量法标定流量，欲提高被标定的流量计的精度，必须选用精度较高的流量计。

对于实验室而言，上述三种方法均可使用。对于小流量的液体流量计的标定，经常使用体积法或称重法，如用量筒作为标准体积容器；以天平称重。对于小流量的气体流量计，可以用标准容量瓶，皂膜流量计或湿式气体流量计等。

安装被标定的流量计时，必须保证流量计前后有足够长的直管稳定段。对于大流量的流量计，标定的流程和小流量的类同，仅将标准计量槽、标准气柜代替上述的量筒、标准容量瓶等。

以皂膜流量计为基准流量计进行小流量的气体流量计标定为例，其标定的过程是：

（1）按照图 1 - 24 所示的流程安装有关的装置和仪表；

（2）皂膜流量计的橡皮球重装满肥皂液，并接到皂膜流量计的下端，同时使肥皂润湿管壁；

（3）开启气体入口阀，调节被标定流量计的指示读数；

（4）捏一下橡皮球，使之形成皂膜，并在气体推动下沿管壁缓慢上升；

（5）记录皂膜通过皂膜流量计标准体积 V 上、下刻度线所需时间 τ。

重复（4）、（5）的操作 N 次，得一套流量标定数据，并按下式计算各点的体积流量，

$$Q_v = \frac{V}{\tau}$$

最后，在坐标纸上以实测流量与仪表读数（或刻度）标绘成曲线。为了保证标定精度，皂膜速度应不大于 $4\mathrm{m/s}$，而且气流要稳定。

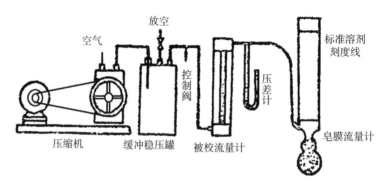

图 1-24 小流量气体流量计的标定

三、温度的测量方法

温度是表征物体冷热程度的物理量。温度不能够直接测量，只能借助于冷、热物体之间的热交换，以及物体的某些物理性质随冷热程度不同而变化的特性进行间接测量。任意选择某一物体与被测物体相接触，物体之间发生热交换，即热量将由受热程度高的物体向受热程度低的物体传递。当接触时间充分长，两物体达到热平衡状态，此时，选择物的温度和被测物的温度相等。通过对选择物的物理量（如液体的体积，导体的电阻等）的测量，便可以定量地给出被测物体的温度值，从而实现被测物体的温度测量。

1. 化工生产和实验中常用的温度计

基于上述的测温原理和物体的物理性质，常用的温度计有热膨胀式、电阻式、热电效应和热辐射式等。现将前三类温度计分别介绍如下。

（1）玻璃液体温度计

玻璃液体温度计系借助于液体的膨胀性质制成的温度计。它是生产上和实验

中最常见的一类温度计，如水银温度计和酒精温度计。这种温度计测温范围比较狭窄，在一80℃～400℃范围，精度也不大高，但比较简便，价格低廉。在生产和实验中得到广泛的使用。按用途可分为工业用、实验室用和标准水银温度计三种。

标准水银温度计分一等和二等两种，其分度值为 0.05℃～1℃。一般用于其他温度计的校验，有时亦用于实验研究中作精密测量。标准水银温度计是七支为一套，测量范围为一30℃～+300℃。除一30℃～+20℃及0～+50℃两支外，其他各支温度计（如 53℃～100℃、100℃～150℃、150℃～200℃、200℃～250℃、250℃～300℃）都必须有中间膨胀容器和零位标记，在毛细管上端还带有安全穴。

实验室用温度计一般是棒状的，也有内标尺式。这种温度计具有较高的精度和灵敏度，适用于实验研究使用。测温范围为一30℃～+300℃间的有八支一组和四支一组两种。

工业用温度计一般做成内标尺式，其下部有直的，90°角和135°角三种结构。为了避免温度计在使用时被碰伤，在其外面罩有金属保护管。由于套臂的存在使温度计的惰性增加，反应迟缓，为此在玻璃温包和套管之间充垫石墨、钢屑、铅屑等物质，以减少这些不良影响。

目前水银温度计最小的分度值可达 1/100℃，常见的则是 1℃，0.5℃和0.1℃。有些特殊用途的，如贝克曼温度计，其标尺整个测过范围只有 5℃～6℃，或更小，分度值可达 0.002℃，或更小。由于分度越细，制造越困难，价格越贵，因此，在选择温度计时需从实验误差要求考虑，不应该任意提高分度值的级别。

（2）电阻温度计

电阻温度计由热电阻感温元件和显示仪表组成。它是利用导体或半导体的电阻值随温度变化的性质进行温度测量。

① 常用的电阻感温元件

a. 铂电阻

铂电阻的特点是精度高、稳定性好、性能可靠，它在氧化性介质中，甚至在高温下的物理、化学性质都非常稳定。但在还原介质中，特别是在高温下很容易被从氧化物中还原出来的蒸汽所沾污，容易使铂条变脆，并改变它的电阻与温度间的关系。铂电阻的使用温度范围为一259℃～+630℃。它的价格较贵。常用的铂电阻的型号是 WZB，分度号为 Pt50 和 Pt100。

铂电阻感温元件按其用途分：有工业型，标准或实验室型和微型三种。分度号 Pt50 系指 0℃时电阻值 $R_0 = 50\Omega$，Pt100 则电阻值 $R_0 = 100\Omega$。标准或实验室型，R_0 为 10Ω 或 30Ω 左右。

　b. 铜电阻

　铜电阻感温元件的测温范围比较狭窄，物理、化学的稳定性不及铂电阻，但价格低廉，并且在 $-50℃\sim+150℃$ 范围内，电阻值与温度的线性关系好，因此铜电阻应用较普遍。

　常用的铜电阻感温元件的型号为 ZWG，分度号为 Cu50，Cu100。

　c. 半导体热敏电阻

　半导体热敏电阻为半导体温度计的感温元件。它具有良好的抗腐蚀性能、灵敏度高、热惯性小、寿命长等优点。

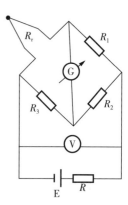

　由热敏电阻组成的半导体温度计是以热敏电阻 R_t 为一个桥臂的不平衡电桥，如图 1-25 所示。流过电流计 G 的电流大小与四个桥臂的电阻以及电流计的内电阻 R_g 和桥路的端电压有关，即

$$I_g=f\ (V,\ R_g,\ R_1,\ R_2,\ R_3,\ R_t)$$

若 V，R_g，R_1，R_2，R_3 固定不变，则

$$I_g=f\ (R_t)$$

图 1-25　半导体
温度计工作原理

由此可知，对应于一个温度（即对应于一个确定的热敏电阻值），有一个确定的电流值。若电流计 G 的表盘上刻着对应的温度分度值，即可直接读到相应的温度。

　② 显示仪表

　电阻温度计一般的显示仪表有动圈式仪表、平衡电桥和电位差计。对实验室而言，常采用电位差计和手动平衡电桥。手动平衡电桥的工作原理如图 1-26 所示。由锰铜线绕制的已知电阻 $R_2=R_3$，R_1 是可变电阻，R_t 热电阻，G 为检流计，E 为工作电池。当 R_t 随温度发生变化时，桥路平衡被破坏，调节可调电阻 R_1 的电阻值，便桥路重新达到平衡，并由检流计检验其平衡程度。R_1 的标尺上可直接标上相应的温度值。

　当桥路平衡时，$I_g=0$，即检流计 G 两端的电压为零，或者说工作电池通过电阻 R_2 和电阻 R_1 的电位差应该相同。同时，

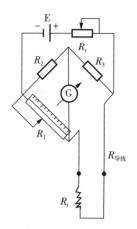

图 1-26　手动平衡
电桥的工作原理

$$R_1 \cdot R_3 = R_2 （R_t + R_{导线}）$$

因为　　　　$R_2 = R_3$，

所以　　　　$R_t = R_1 - R_{导线}$。

而 $R_{导线}$ 受环境温度的影响，将引起误差。为了消除环境温度影响，上述线路改为三线或四线制的连接线路。

（3）热电偶温度计

热电偶温度计由热电偶和显示仪表及连接导线组成。热电偶是一种感温元件，借助于两种不同材质的导体或半导体焊接或铰接成一个闭合回路，当一个接点的温度不同时，由热电效应在闭合回路中产生热电动势的特性进行温度测量。

设 $T > T_0$，T_0 为参考温度，该结点为参考端或冷端，T 为被测温度，结点为工作端或热端，如图 1-27 所示。由于 A、B 两种金属丝组成热电偶，两端温度分别为 T、T_0；在整个热电偶的闭合回路中存在接触电动势与热电动势两种。前者称为番尔梯电动势，以 $U_{ab}（T）$、$U_{ab}（T_0）$ 表示；后者称为汤姆生电动势，以 $\lambda_a（TT_0）$，$\lambda_b（TT_0）$ 表示。热电偶的电动势为

$$E_{AB} = U_{ab}（T）- U_{ab}（T_0）+ \lambda_b（TT_0）- \lambda_a（TT_0）$$

或

$$E_{AB} = U_{ab}（T）+ U_{ab}（T_0）+ \lambda_b（TT_0）- \lambda_a（TT_0）$$

热电偶线路中引入第三种材料的导线，如在热电偶的冷端用导线与测量仪表连接或热电偶热端钎焊在测温点上引入的纤焊条构成的回路，如图 1-28 所示。电动势为

$$E_{ABC} = U_{ab}（T）+ \lambda_b（TT_0）+ U_{bc}（T_0）+ U_{ca}（T_0）+ \lambda_a（TT_0）$$

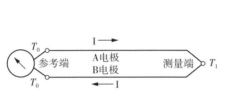

图 1-27　热电偶工作原理

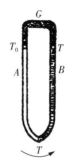

图 1-28　三根导线
构成的回路

由于三种材料构成的回路，各端点温度相同时，回路电动势为零，则

$$U_{bc}\ (T_0)\ +U_{ca}\ (T_0)\ =U_{ba}\ (T_0)$$

由上式可得

$$E_{abc}=U_{ab}\ (T)\ +\lambda_b\ (TT_0)\ +U_{ba}\ (T_0)\ +\lambda_a\ (TT_0)$$

由此可知，在热电偶中引入第三种材料的导线，它在两端温度相同的情况下并不引起热电偶的电动势变化。

在热电偶的一根支线上插入第三种材料的导线，如在热电偶的一根支线上引出与测量仪表连接的导线，构成的线路如图 1-29 所示，系统电动势为

$$E=U_{ab}\ (T)\ +\lambda_b\ (TT_1)\ +U_{bc}\ (T_2)\ +U_{cb}\ (T_1)$$
$$+\lambda_b\ (T_1T_0)\ +U_{bc}\ (T_0)\ +\lambda_a\ (T_0T)$$

由于

$$U_{bc}\ (T_1)\ +U_{cb}\ (T_1)\ =0$$

$$\lambda_b\ (TT_1)\ +\lambda_b\ (T_1T_0)\ =\lambda\ (TT_0)$$

故

$$E=U_{ab}\ (T)\ +\lambda_b\ (TT_0)\ +U_{ba}\ (T_0)\ +\lambda_a\ (T_0T)$$

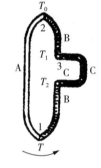

图 1-29　在热电偶的
一根支线中插入第三根导线

即第三根导线两端温度相同时，热电偶的电动势也不变。如果第三极导线两端的温度不相等时，BO 导线构成附加热电偶，使系统电动势引起误差。

综合上述三种情况，热电偶的电动势为

$$E=f\ (T_1T_0)$$

由热电偶的特性知，若固定冷端温度 T_0，则电动势是热端温度 T 的单值函数。

$$E=f\ (T)$$

为了保持冷端温度恒定不变或消除冷端温度变化对电动势的影响，在实验室中常用两种方法：

① 冰浴法

冰浴法是将冷端保存在水和冰共存的保温瓶中。为了保证能达到共相点，冰要做成细冰屑，水可以用一般的自来水。通常把冷端放在盛有绝缘油如变压器油的试管中，并将其插入置有试管孔的保温瓶的木塞盖的孔中，以维持冷端温度

为 0℃。

② 补偿电桥法

补偿电桥法是将冷端接入一个平衡电桥补偿器中自动补偿冷端温度变化而引起的电动势之变化。

冰浴法比较简单，实验室中仍得到广泛的使用。最简单的热电偶测温线路如图 1-30 所示。

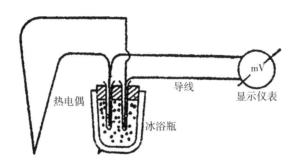

图 1-30　热电偶测温线路

（4）常用热电偶

① 铂铑 10%-铂热电偶

铂铑 10%-铂热电偶型号为 WTLB，其中 WR 指热电偶，LB 为分度号，铂铑合金丝为"＋"极，纯铂丝为"－"极。在 1300℃ 以下可以长期使用。在良好的环境条件下，可测量 1600℃ 高温。一般它作为精密测量和基准热电偶使用。在氧化性和中性介质中，铂铑-铂热电偶的物理、化学性能稳定，但在高温时易受还原性气体侵袭而变质。它的热电势较弱，价格也较贵。

② 镍铬-镍硅（或镍铬-镍铝）热电偶镍铬-镍硅热电偶型号为 VREU。EU 是分度号。镍铬为"＋"极，镍硅为"－"极。在氧化性和中性介质中，能在 900℃ 以下长期使用，但不耐还原性介质。它的热电势大，并且与温度的线性关系较好，价格亦便宜，但精度偏低。

③ 镍铬-考铜热电偶

镍铬-考铜热电偶型号为 WREA。EA 为分度号。镍铬为"＋"板，考铜为"－"极。在还原性和中性介质，能在 600℃ 以下长期使用，在 800℃ 时可短期使用。它灵敏度较高，价格便宜。

④ 铂铑 30%-铂铑 6% 热电偶

铂铑 30%-铂铑 6% 热电偶型号为 WRLL。LL 为分度号。铂铑 30% 为"＋"极，铂铑 6% 为"－"极。它可在 1600℃ 高温下长期使用，在 1800℃ 短期使用，其热电偶性能稳定，精度高。适用于氧化性和中性介质，但它的热电势极小，价格较高。

⑤ 铜-康铜热电偶

铜-康铜热电偶型号为 WRCK。CK 为分度号。铜为"＋"极，康铜为"－"极。在 300℃以下其线性关系较好，并且价格低廉。在实验室中它是使用较多的热电偶。

2. 温度测量的要点

(1) 正确地选用温度计

在选用温度计之前，要了解如下情况：

① 测量的目的、测温的范围及精度要求；

② 测量的对象：是流体还是固体，是平均温度还是某点的温度（或温度分布），是固体表面还是颗粒层中的温度，被测介质的物理性质和环境状况等；

③ 被测温度是否需要远传、记录和控制；

④ 在测量动态温度变化的场合，需要了解对温度计的灵敏度的要求。

(2) 温度计的校正和标定

在使用任何的测温仪表之前，必须了解该仪表的量程、分度值和仪表的精度，故需对该仪表进行标定或校正。对于自制测温仪表，如自制的热电偶，在使用前需进行标定。对于已修复的受损温度计和精密测量的温度计，更需进行温度计的校正。

① 校正和标定的方法

温度计的校正和标定有直接法和基准温度计法。前者系在测量温度范围内选定几种已知相变温度的基准物，如水的三相点（水的固态、液态和气态三相间的平衡点）为 273.16K；在标准大气压下：水的沸点（水的液态和气态间的平衡点）为 373.16K、锌的凝固点（锌的固态和液态间的平衡点）为 693.73K、金的凝固点（金的固态和液态间的平衡点）为 1337.58K 等，将被测温度计（或感温元件）插入所选基准物中进行标定和校正。基准温度计法使用方便，故在实验室中应用较多。现以 300℃以下的标定和校正为例说明。

选择适当量程范围的基准温度计，该温度计一般为二等标准温度计，并将被测温度计（或感温元件）和它一起放在恒温槽中的同一温度区域，而且温度计在槽中浸没的深度需至校正温度的位置。300℃以下不同温度范围需选用如下的介质系统：

(a) 冰点以下的校正：先将温度计插入酒精溶液中，然后加入干冰，使温度降低到 0℃以下，加入干冰量视欲达到的校正温度而定。

(b) 冰点的校正：将温度计插入冰屑、水共存的测量槽中。

(c) 95℃以下校正：在盛自来水的恒温槽中进行，但要注意恒温槽的精度。

（d）95℃～300℃的校正，在盛有油的恒温槽中进行。200℃以下，使用变压器油，200℃～300℃使用♯52机油。

② 标定和校正的流程

玻璃温度计的校正只要一个满足精度的恒温槽。在槽内盛相应的介质，待基准温度计和被校温度计一起插入即可。

热电偶和热电阻的标定，除了将感温元件（热电偶或热电阻）和基准温度计一起插入恒温槽之外，热电偶和热电阻的校正需按一定流程配置，如图1-31所示。必须注意，感温元件与基准温度计的水银温包插在恒温槽的同一水平面。

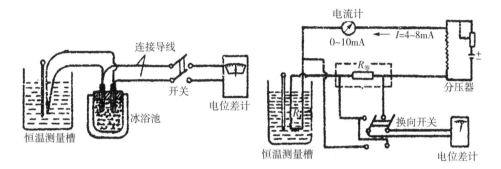

图1-31　热电偶和热电阻的校正流程

（3）温度计的安装

接触式温度计，如玻璃温度计、热电偶、热电阻等的感温元件必须和被测介质接触，以实施两者间的传热过程。为了减小感温元件所测得的温度和介质的实际温度之间的误差，要选择适当的测温点和温度计的安装。

① 流体温度的测量

以测温的实例说明之。现有一烟道气管道，其中装有一个预热器，回收一部分热量。现要求测量预热器以后的烟道气温度，如图1-32所示。设烟道气的温

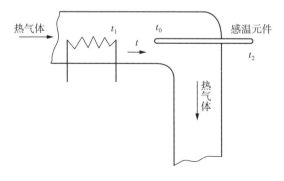

图1-32　测温实例

度为 t，预热器的壁面温度为 t_1，环境温度为 t_2，热电偶的温度 t_0，而且 $t_0 > t_1$，$t \gg t_2$。估计测量误差 $\Delta t = t - t_0$ 以及减小误差的途径。分析：温度计从烟道气中吸收的热量为 Q_1，感温元件传给预热器的热量为 Q_2，以及对管道周围环境的散热为 Q_3。当达到动态平衡时

$$Q_1 = Q_2 + Q_3$$

在热电偶的显示仪表上显示某值 t_0。若 $Q_2 + Q_3 > Q_1$，则由传热原理知，必定存在误差 $\Delta t = t - t_0$。为了减小试温误差，需尽可能地减小感温元件的热量损失，以及提高感温元件所在处的传热性能。以上两点需在温度计安装时引起注意。

第二章　化工原理实验

实验一　雷诺实验

一、实验目的

1. 观察液体流动时的层流和湍流现象。区分两种不同流态的特征，弄清两种流态产生的条件。分析圆管流态转化的规律，加深对雷诺数的理解。

2. 测定颜色水在管中的不同状态下的雷诺数。层流、湍流两种流态的运动学特性与动力学特性。

3. 通过对颜色水在管中的不同状态的分析，加深对管流不同流态的了解。学习古典流体力学中应用无量纲参数进行实验研究的方法，并了解其实用意义。

4. 观察层流时水在圆形管内流动的速度分布形态。

二、实验原理

液体在运动时，存在着两种根本不同的流动状态。当液体流速较小时，惯性力较小，黏滞力对质点起控制作用，使各流层的液体质点互不混杂，液流呈层流运动。当液体流速逐渐增大，质点惯性力也逐渐增大，黏滞力对质点的控制逐渐减弱，流速达到一定程度时，各流层的液体形成涡体并能脱离原流层，液流质点互相混杂，液流呈湍流运动。这种从层流到湍流的运动状态，反映了液流内部结构从量变到质变的一个变化过程。

液体运动的层流和湍流两种形态，首先由英国物理学家雷诺进行了定性与定量的证实，并根据研究结果，提出液流形态可用下列无量纲数来判断：

$$Re = \frac{\rho u d}{\mu}$$

Re 称为雷诺数。液流形态开始变化时的雷诺数叫作临界雷诺数。

在雷诺实验装置中，通过有色液体的质点运动，可以将两种流态的根本区别清晰地反映出来。在层流中，有色液体与水互不混掺，呈直线运动状态，在湍流中，有大小不等的涡体振荡于各流层之间，有色液体与水混掺。

三、实验流程图

图 2-1 为雷诺实验装置流程图。

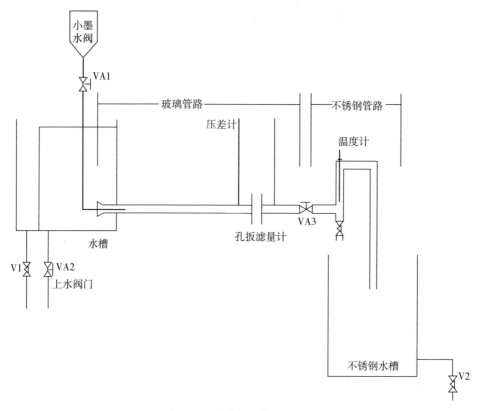

图 2-1 雷诺实验装置流程图

四、操作步骤

1. 打开上水管阀门 VA2；

2. 当水槽内水流到溢流槽内时，慢慢打开调节阀 VA3，使水徐徐流过玻璃管；

3. 实验期间保证水槽内水处在溢流状态，适时开启溢流槽下水阀放水；

4. 打开墨水阀，微调阀 VA3，使墨水成一条稳定的直线，并记录孔板流量计的压差读数；

5. 逐渐加大水量，观察玻璃管内水流状态，并记录墨水线开始波动以及墨水与清水全部混合时的流量计读数；

6. 再将水量由大变小，重复以上观察，并记录各转折点处的流量计读数；

7. 先关闭阀 VA3，使玻璃管内的水停止流动，再开墨水阀，让墨水流出

1～2cm距离再关闭阀 VA1；

8. 慢慢打开阀 VA3，使管内流体做层流流动，可观察到此时的速度分布曲线呈抛物线状态。

五、实验数据记录和处理

水温：　　　　　　　　　水的密度：

水的黏度：　　　　　　　管径：23.5mm

表 2-1　雷诺实验数据记录与整理表

序号	压差计读数		流量	流速 /m·s^{-1}	雷诺准数	现象	流动状态
	左读数/cm	右读数/cm					
1							
2							
3							
4							
5							
6							

附：孔板流量计的计算公式

$$V = u_0 A_0 = C_0 A_0 \sqrt{2gR\,(\rho_i - \rho)\,/\rho}$$

式中，V——流体的体积流量，m^3/s；

R——U 形压差计的读数，m；

ρ_i——压差计中指示液密度，kg/m^3；

ρ——被测流体密度，kg/m^3；

C_0——孔流系数，无因次（本装置取 1.062）；

A_0——孔截面积，m^2（孔板内径为 9mm）。

六、实验注意事项

1. 开始实验时，要始终保持水箱处在溢流状态，以保证水流势能不变。

2. 及时向有色液体盒内添加有色液体，以保证实验的顺利进行。

3. 尽量避免其他因素对流体流动时流态的干扰。

七、思考题

1. 如果生产中无法通过直接观察来判断管内的流动状态，你可以用什么方法来判断？

2. 用雷诺准数 Re 判断流动状态的意义何在？

实验二　能量转化演示实验

一、实验目的

1. 研究流体各种形式能量之间关系及转换，加深对能量转化概念的理解。
2. 深入了解伯努利方程的意义。

二、实验原理

1. 不可压缩的实验液体在导管中作稳定流动时，其机械能守恒方程式为：

$$z_1 g + \frac{u_1^2}{2} + \frac{p_1}{\rho} + W_e = z_2 g + \frac{u_2^2}{2} + \frac{p_2}{\rho} + \sum h_f \tag{1}$$

式中：u_1、u_2——分别为液体管道上游的某截面和下游某截面处的流速，m/s；

p_1、p_2——分别为流体在管道上游截面和下游截面处的压强，Pa；

z_1、z_2——分别为流体在管道上游截面和下游截面中心至基准水平的垂直距离，m；

ρ——流体密度，kg/m³；

W_e——液体两截面之间获得的能量，J/kg；

g——重力加速度，m/s²；

$\sum h_f$——流体两截面之间消耗的能量，J/kg。

2. 理想流体在管内稳定流动，若无外加能量和损失，则可得到：

$$z_1 g + \frac{u_1^2}{2} + \frac{p_1}{\rho} = z_2 g + \frac{u_2^2}{2} + \frac{p_2}{\rho} \tag{2}$$

表示 1kg 理想流体在各截面上所具有的总机械能相等，但各截面上每一种形式的机械能并不一定相等，但各种形式的机械能之和为常数，能量可以相互转换。

3. 流体静止，此时得到静力学方程式：

$$z_1 g + \frac{p_1}{\rho} = z_2 g + \frac{p_2}{\rho} \tag{3}$$

所以流体静止状态仅为流动状态的一种特殊形式。

三、实验装置图

图 2-2 为能量转化演示实验装置图。

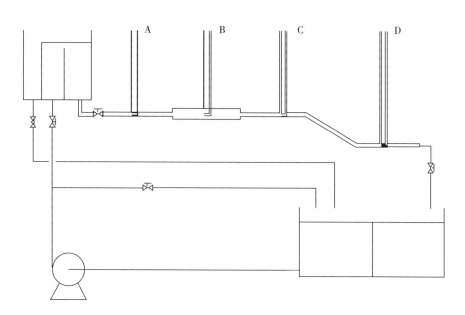

图 2-2 能量转化演示实验装置图

四、操作演示

1. 静止流体的机械能分布及转换

将试验导管出口阀全部关闭，以便于观察（也可在测压管内滴入几滴红墨水），观察 A、B、C、D 点处测压管内液柱高低。

2. 一定流量下流体的机械能分布及转换

缓慢调节进水管调节阀，调节流量使溢流水槽中有足够的水溢出，再缓慢开启试验导管出口调节阀，使导管内水流动（注意出口调节阀的开度，在实验中能始终保持溢流水槽中有水溢出），当观察到试验导管中部的两支测压水柱略有差异时，将流量固定不变，当各测压管的水柱高度稳定不变时，说明导管内流动状态稳定，可开始观察实验现象。

3. 不同流量下稳定流体机械能分布及转换

连续缓慢地开启试验导管的出口阀，调节出口阀使流量不断加大，观察 A、B、C、D 处测压管内液柱变化。

注：图 2-2 中，A、B、C 三组水平管路距标尺零刻度 270mm，D 组水平管

路距标尺零刻度 400mm，在读取动压头、静压头以及位能差时需计算在内。

五、思考题

1. 管内的空气泡会干扰实验现象，请问怎样排除？
2. 实验结果是否与理论结果相符合？解释其原因。
3. 比较并列 2 根测压管液柱高低，解释其原因。

实验三　流体流动阻力的实验测定

一、实验目的

1. 了解流体流动阻力的概念及测定原理、方法；

2. 测定流体流过直管时的摩擦阻力，并确定摩擦系数 λ 与雷诺数 Re 之间的关系；

3. 测定流体流过管件时的局部阻力，并求出阻力系数，确定阻力系数 ζ 与雷诺数 Re 之间的关系；

4. 熟悉对数坐标系和半对数坐标系的使用方法。

二、实验原理

流体在管路中流动时，由于黏性剪应力和涡流的存在，不可避免地引起压强损耗。这种损耗包括流体沿直管流动时的沿程阻力及因流体运动方向改变或因流道截面大小或形状改变引起的局部阻力。

1. 直管阻力

流体沿水平直管稳定流动时，由截面 1 到截面 2，流体流动损失表现为压强降低，由伯努利方程可知：

$$h_{\mathrm{f}} = \frac{\Delta p_1}{\rho} \tag{1}$$

影响阻力的因素十分复杂，可通过因次分析法并结合实验的方法确定。主要包括：

（1）流体性质：如黏度 μ，密度 ρ；

（2）管路的几何尺寸：如管径 d，管长 l，管壁粗糙度 ε；

（3）流动条件：如流速 u，表示为：

$$\Delta p = f(d, \ l, \ \mu, \ \varepsilon, \ \rho, \ u)$$

引入摩擦系数

$$\lambda = \varphi\left(\mathrm{Re}, \ \frac{\varepsilon}{d}\right)$$

式中：Re 为雷诺准数，ε/d 为相对粗糙度。得到直管阻力计算公式（范宁公式）：

$$h_f = \lambda \frac{l}{d} \frac{u^2}{2} \qquad (2)$$

直管摩擦系数 λ 与雷诺数 Re 之间有一定的关系，此关系一般用曲线表示，可由实验获得。在实验中，直管段 l 和管径 d 是固定的，若水温一定，则水的密度 ρ 和黏度 μ 也是定值。于是直管阻力实验实质上是测定直管段流体阻力引起的压强降 Δp_f 与流速 u（雷诺数 Re）之间的关系。

由（1）和（2）式可得：

$$\lambda = \frac{2}{u^2} \cdot \frac{d}{l} \cdot \frac{\Delta p_1}{\rho} \qquad (3)$$

由实验数据和上式可以计算出不同流速或雷诺数下的直管摩擦系数 λ，从而绘出 λ 与 Re 的关系曲线。

式中：λ—— 直管摩擦系数；l—— 直管长度，m；

$\quad\quad d$—— 直管内径，m；u—— 流体流速，m/s；

$\quad\quad \Delta p_1$—— 直管压力降 N/m^2，由水银压差计读出。

流速由涡轮流量计及智能流量仪算出：

$$u = \frac{V_s}{\frac{\pi}{4}d^2}, \quad \text{m/s}。$$

2. 局部阻力

局部阻力的计算方法有两种：当量长度法和阻力系数法。

（1）当量长度法

流体流过管件或阀门时，将局部阻力造成的损失折合成流体通过与其具有相同管径的某一长度的直管阻力损失，该长度称为当量长度，用符号 l_e 表示。因此流体通过管件、阀门等的局部阻力可表示为：

$$h_f = \lambda \frac{l_e}{d} \frac{u^2}{2} \qquad (4)$$

（2）阻力系数法

将流体通过管件或阀门的阻力表示为流体在管路中流动时动能的某一倍数，即：

$$h_f = \zeta \frac{u^2}{2} \qquad (5)$$

式中：ζ—— 局部阻力系数，无因次；u—— 流体在小截面管中的流速，m/s；h_f 的值可应用伯努利方程，由局部阻力引起的压强降 $\Delta p_f'$ 求出。

本实验只测定局部阻力系数。

三、实验装置与流程

1. 实验装置的特点

（1）本实验装置数据稳定，重现性好，能给实验者较明确的流体流动阻力概念。

（2）能够测量出光滑管的阻力系数与雷诺准数的关系及局部阻力系数。雷诺准数的数据范围宽，可做出 $10^2 \sim 10^4$ 三个数量级。

（3）实验采用循环水系统，节约实验费用。

（4）采用压力传感器数字表系统，测量大流量下的流体流动阻力，实验数据稳定可靠。

2. 主要技术数据

（1）被测光滑直管段：管径 $d=0.0196$m，管长 $L=2.0$m 材料，不锈钢管；

（2）局部阻力部件为 3/4 闸阀；

（3）U 形压差计，指示液为水银；

（4）数显温度表和智能流量仪；

（5）涡轮流量计：型号 LW-15，测量范围 $0.4 \sim 4.0$（m^3/h）。

3. 实验流程

本实验装置如图 2-3 所示。

主要包括贮水槽、离心泵、控制阀、涡轮流量计、直管段及压强测定压差计。水由泵从贮水槽中抽出后，流过流量计送到管道中，水流经管道后返回水槽，水循环使用。

四、实验方法及步骤

1. 向储水槽内注水，倒 80％左右洁净的无杂质的水（有条件最好用蒸馏水，以保持流体清洁）。

2. 实验前必须打开压差计上的平衡阀，以防止水银冲出压差计。

3. 检查电源接线是否正确。接通电源确定电机的运转方向是否与箭头所指方向一致。若相反则必须立即切断电源，更换接线，重新验证。严禁水泵在反转、缺水状态下运行。

4. 进行管路排气时，须在平衡阀打开状态下进行。测定数据时，须在平衡阀关闭的状态下进行。

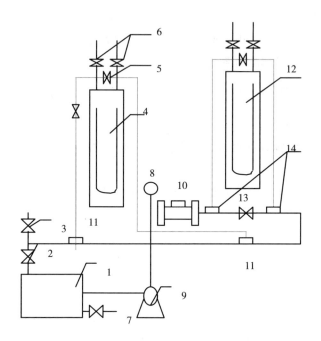

图 2-3 流体阻力实验装置流程示意图

1—贮水槽；2—控制阀；3—放空阀；4—直管阻力测量 U 形管压差计；5—平衡阀；

6—放空阀；7—排水阀；8—温度计；9—水泵；10—涡轮流量计；11—直管段取压孔；

12—局部阻力测量 U 形管压差计；13—闸阀；14—局部阻力取压孔

5. 检查管路上用于测量局部阻力的阀门，要全部打开。

6. 调节流量，记录数据。测取数据的顺序可从大流量至小流量；反之也可，一般测 8～12 组数。

7. 实验结束，须打开平衡阀，做好清洁工作，切断电源。

五、使用实验设备应注意的事项

1. 涡轮流量计要定时清洗。

2. 若较长时间内不做实验，放掉系统内及储水槽内的水。

3. 在实验过程中每调节一个流量之后应待流量和直管压降的数据稳定以后方可记录数据。

4. 当压差偏小时，要检查管路是否堵塞或平衡阀是否关闭。

六、实验数据的记录和计算

1. 将直管阻力实验数据和数据处理结果列在表 2-2 中，并以其中一组数据为例，写出计算过程。

表 2-2 液体流动阻力的测定原始数据表

序号	流量	直管阻力		局部阻力	
	L/s	左读数/mm	右读数/mm	左读数/mm	右读数/mm
1					
2					
3					
4					
5					
6					
7					
8					

2. 将计算结果计入表 2-3。在合适的坐标系中标绘直管的 λ-Re 关系曲线和阻力系数 ζ-Re 关系曲线。

表 2-3 流体流动阻力的测定实验数据整理表

序号	V（m^3/s）	u（m/s）	$Re \times 10^{-4}$	h_f（J）	λ	ζ
1						
2						
3						
4						
5						
6						
7						
8						

七、思考题

1. 本实验以水为介质测得的 λ-Re 关系曲线，对其他流体是否适用？对气体是否适用？为什么？

2. 在本实验的数据处理过程中，用直角坐标纸和对数坐标纸标绘 λ-Re 关系曲线时有什么不同？

实验四　流量计的流量校核

一、实验目的

1. 掌握孔板流量计的流量系数校正方法。

2. 测定孔板测量计的孔流系数 C_0 并掌握 C_0 随 Re 变化规律，并给出 C_0 - Re 的关系曲线。

二、实验原理

工业上利用测定流体压差来确定流体的速度，从而来测量流体的流量，对于孔板流量计，根据伯努利原理，流量与孔板流量计前后的压差有如下关系：

$$V_s = C_0 A_0 \sqrt{\frac{2gR(\rho_o - \rho)}{\rho}} \tag{1}$$

式中：V_s——体积流量，m^3/s；

C_0——孔板流量计的孔流系数，无因次；

A_0——孔口面积，m^2；

R——U 形压差计的读数，m；

ρ_o——压差计内指标液密度，kg/m^3；

ρ——被测流体密度，kg/m^3。

孔流系数的数值，往往要受到流量计精度，以及流体性质、温度、压力等因素的影响，对于确定的孔板流量计，其流量系数 $C_0 = f(Re, m)$。因此在现场使用这类流量计通常需对流量计进行校核，即测定不同流量下的压差计读数，直接绘成曲线，或求得 C_0 与 Re 之间的关系曲线，以备使用时查校。

孔板流量计是基于流体在流动过程中的能量转换关系，由流体通过孔板前后时压差的变化来确定流体流过管截面的流量，

即：

$$\frac{p_1}{\rho} + \frac{u_1^2}{2} = \frac{p_2}{\rho} + \frac{u_2^2}{2} \tag{2}$$

$$\frac{\Delta p_1}{\rho} = \frac{p_1 - p_2}{\rho} = \frac{u_2^2 - u_1^2}{2} \tag{3}$$

$$\Delta p = Rg(\rho_{Hg} - \rho) \tag{4}$$

实际在测试过程中由于缩脉的截面积难以确定，所以用孔口的速度 u_0 代替 u_2，流体通过孔口时有阻力损失，又因流动状况而变化的缩脉位置使测定的 $\dfrac{p_1 - p_2}{\rho}$ 带来偏差，因此引入流量系数 C_0 从形式上简化流量计的计算公式，通过实验来确定 C_0，具体计算公式为：

$$V_s = C_0 A_0 \sqrt{\frac{2gR(\rho_{Hg} - \rho)}{\rho}} \qquad (5)$$

孔板流量计不足之处是阻力损失大，因此所带来的损失可以由 U 形压差计测量，本实验装置有专门用于测量孔板阻力损失的机构。

$$h_f = \frac{\Delta p}{\rho} = \zeta \frac{u_2^{\ 2}}{2} \qquad (6)$$

三、实验装置与流程

1. 实验装置的特点

采用整体式框架结构，系统操作稳定，精度高，使用方便，安全可靠，数据稳定，重现性好。

2. 实验装置与流程

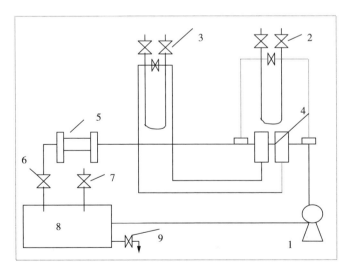

图 2-4 流量计系数校正实验流程图

1—离心泵；2—测孔板产生阻力损失；3—测定孔板前后压降；

4—孔板流量计；5—涡轮流量计；6—调节阀；7—引水阀；8—水箱；9—排水阀

3. 设备主要技术数据

表 2-4 流量计的流量校核实验设备主要技术数据

管道直径	0.027m	孔板孔径	0.018m
镀锌管内径	27mm	孔板孔径	18mm
U 形压差计指示剂为水银			
涡轮流量计 LW-25	精度等级 0.5		量程 1.6～10m³/h
MMD 智能流量仪	循环水箱		循环水泵

四、实验方法及步骤

1. 向储水槽内注水，加入洁净水达储槽体积约 80%（有条件最好用蒸馏水，以保持流体清洁）。

2. 实验前必须打开压差计上的平衡阀，以防止水银冲出压差计。

3. 检查电源接线是否正确。接通电源确定电机的运转方向是否与箭头所指方向一致。若相反则必须立即切断电源，更换接线，重新验证。严禁水泵在反转、缺水状态下运行。

4. 进行管路排气时，须在平衡阀打开状态下进行。测定数据时，须在平衡阀关闭的状态下进行。

5. 检查管路上用于测量局部阻力的阀门，要全部打开。

6. 调节流量，记录数据。开启调节阀至最大，确定流量范围，确定实验点，测定孔板前后压降和经过孔板所带来的压降。测取数据的顺序可从大流量至小流量，反之也可，读出一系列流量：V_s，压差 Δp_1，Δp_2，一般测 8～12 组数。

7. 实验结束，须打开平衡阀。做好清洁工作。切断电源。

五、使用实验设备应注意的事项

1. 涡轮流量计要定时清洗。

2. 若较长时间内不做实验，放掉系统内及储水槽内的水。

3. 在实验过程中每调节一个流量之后应待流量和压降的数据稳定以后方可记录数据。

4. 当压差偏小时，要检查管路是否堵塞或平衡阀是否关闭。

六、实验数据的记录和计算

1. 实验数据的记录

实验数据见表 2-5 所列。

表 2-5 不同流量下孔板压降和阻力损失测定

序号	流量	孔板压降		阻力损失	
	L/s	左读数/mm	右读数/mm	左读数/mm	右读数/mm
1					
2					
3					
4					
5					
6					
7					
8					
9					
10					

2. 实验数据的整理

实验数据的整理见表 2-6 所列。实验中 $Re=\dfrac{du_1\rho}{\mu}$ 和 $C_0=f$ （Re，m）。对于特定的孔板 m 为常数，上式可以写为 $C_0=f$ （Re）。将所得的实验数据在半对数坐标纸上绘制出 C_0-Re 曲线，从而可以确定孔板流量计的孔流系数 C_0 和该孔板在工程上的测量范围。

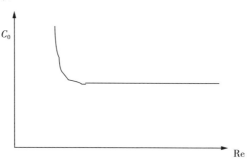

图 2-5 流量系数 C_0 与 Re 的关系

表2-6 不同流量下测定雷诺数数据处理

序号	流速 L/s	$Re = \dfrac{du_1\rho}{\mu}$	泵 C_0	永久损失 ζ
1				
2				
3				
4				
5				
6				
7				
8				
9				
10				

七、思考题

1. 试分析孔流系数与哪些因素有关?
2. 把你所绘 C_0 - Re 图与教材中相比较,是否一致? 若不一致,找出原因。

实验五 离心泵特性曲线测定

一、实验目的

1. 熟悉离心泵的构造和操作。

2. 掌握离心泵在一定转速下特性曲线的测定方法。

3. 学习工业上流量、功率、转速、压力和温度等参数的测量方法，使学生了解涡轮流量计、电动调节阀以及相关仪表的原理和操作。

二、实验原理

离心泵的主要性能参数有流量 Q、压头 H、效率 η 和轴功率 N，在一定转速下，离心泵的送液能力（流量）可以通过调节出口阀门使之从零至最大值间变化。而且，当流量变化时，泵的压头、功率及效率也随之变化。因此要正确选择和使用离心泵，就必须掌握流量变化时，其压头、功率和效率的变化规律，即查明离心泵的特性曲线。

用实验方法测出某离心泵在一定转速下的 Q、H、η、N，并做出 H-Q、η-Q、N-Q 曲线，称为该离心泵的特性曲线。

1. 扬程 H（m）的计算

分别取离心泵进口真空表和出口压力表处为1、2截面，列伯努利方程得：

$$z_1 + \frac{p_1}{\rho g} + \frac{u_1^2}{2g} + H = z_2 + \frac{p_2}{\rho g} + \frac{u_2^2}{2g} + H_f$$

因两截面间的管长很短，通常可忽略阻力损失项 H_f，流速的平方差也很小，故可忽略，则：

$$H = \frac{p_2 - p_1}{\rho g}$$

式中：ρ—— 流体密度，kg/m^3；

p_1、p_2—— 泵进、出口的压强，Pa；

u_1、u_2—— 泵进、出口的流速，m/s；

z_1、z_2—— 真空表、压力表的安装高度，m。

由上式可知，由真空表和压力表上的读数及两表的安装高度差，就可算出泵的扬程。

2. 送液能力(Q)

用涡轮流量计测量，经过转换后由智能流量显示仪直接读数。

3. 轴功率(N)

$$N = 0.94\omega$$

式中：N 为泵的轴功率，ω 为电机功率。

4. 效率 η（%）

泵的效率 η 是泵的有效功率与轴功率的比值。反映泵的水力损失、容积损失和机械损失的大小。泵的有效功率 Ne 可用下式计算：

$$Ne = HQ\rho g$$

故泵的效率为

$$\eta = \frac{HQ\rho g}{N} \times 100\%$$

式中：Q—— 流量，m^3/s；

H—— 扬程，m。

5. 泵转速改变时的换算

泵的特性曲线是在定转速下的实验测定所得。但是，实际上感应电动机在转矩改变时，其转速会有变化，这样随着流量 Q 的变化，多个实验点的转速 n 将有所差异，因此在绘制特性曲线之前，须将实测数据换算为某一定转速 n' 下（可取离心泵的额定转速）的数据。换算关系如下：

流量 $Q' = Q\dfrac{n'}{n}$

扬程 $H' = H\left(\dfrac{n'}{n}\right)^2$

轴功率 $N' = N\left(\dfrac{n'}{n}\right)^3$

效率 $\eta'\dfrac{Q'\rho g}{N'} = \dfrac{Q\rho g}{N'}\eta$

三、实验流程

离心泵特性曲线实验流程示意图如图 2-6 所示。水从水槽经吸入阀门吸入水泵，经管路后排回水槽，水槽通大气，水泵行业称这种上游下游水源都通大气的实验装置为"开式试验台"。进行泵性能测试时，进口阀全开，由出口阀控制流量点。

1. 离心泵 WB120/075 型离心泵,额定功率:0.75kW,转速:2900r/min,吸程:8m,效率:34%,流量:9.6m³/h,扬程:12m,必需汽蚀余量:2.3m;

2. 涡轮流量计 10m³/h;

3. 真空表 (−0.1~0MPa);

4. 压力表 (0~0.6MPa);

5. 蓄水箱容积约 100L,不锈钢材质。

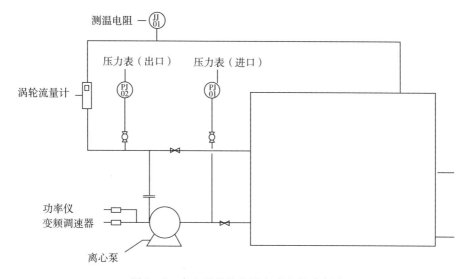

图 2-6 离心泵特性曲线实验流程示意图

四、操作步骤

1. 打开总电源和仪表电源开关。

2. 水泵灌水(注意:在打开灌水阀时要慢慢打开,且只打开一定的开度;不要开得太大,否则会损坏压力表)。

3. 打开泵的出水阀(全开),流量达到最大值。

4. 启动泵,逐渐调节出口阀,在 0 到最大值之间按曲线形状分配 10 个测试点。

5. 记录每个测试点下的泵的真空度、泵后压力、水温、流量、转速和泵的功率并记录。

6. 测试完毕,应按流量调节逆向,再核实一遍数据。

7. 实验完毕,关闭水泵出口阀,再按下仪表台上的水泵停止按钮,停止水泵运转。

8. 关闭各测量仪表的开关。

五、注意事项

1. 一般每次实验前，均需对泵进行灌泵操作，以防止离心泵气缚。同时注意定期对泵进行保养，防止叶轮被固体颗粒损坏。

2. 泵运转过程中，勿碰触泵主轴部分，因其高速转动，可能会缠绕并伤害身体接触部位。

六、数据记录与处理

1. 将实验数据和数据处理结果记录在表中，在同一张坐标纸上描绘一定转速下的 H-Q，N-Q，η-Q 曲线。

2. 选取一组测定数据为例，写出数据处理过程。

(1) 数据记录于表 2-7 中。

表 2-7　离心泵特性曲线测定数据

序号	转速	压力表读数 p_1/MPa	真空表读数 p_2/MPa	功率表读数/kW
1				
2				
3				
4				
5				
6				
7				
8				

(2) 数据处理，结果列入表 2-8 中。

表 2-8　离心泵主要特性参数测定结果

序号	流量 Q	扬程 H	轴功率 N	效率 η
1				
2				
3				
4				

（续表）

序号	流量 Q	扬程 H	轴功率 N	效率 η
5				
6				
7				
8				

七、思考题

1. 离心泵启动前为什么必须灌泵？

2. 为什么调节阀的出口阀门可调节流量？这种方法有什么优点？是否还有其他方法调节泵的流量？

3. 从理论上进行分析，用本实验的这台泵输送密度为 $1200 kg/m^3$ 的盐水，从相同流量下，你认为泵的压头是否会发生变化？同一温度下的吸入高度是否会发生变化？

实验六 沉降-旋风气固分离实验

一、实验目的

1. 了解旋风分离器的结构及工作原理。

2. 定性地观察分离器的分离效果和流动阻力随进口气速的变化趋势。

二、实验原理

1. 重力沉降设备

降尘室是利用重力沉降原理进行气固分离的设备。

用途：①分离粗颗粒。②作为气固系统的预分离设备，以减轻后续设备的磨损。

基本结构：长方体，进出口为锥形，使含尘气体进入降尘室后流动截面积增大，流速降低。底部设有若干灰斗，定期清除尘粒。

工作原理：含尘气体水平流过降尘室，颗粒具有与气体相同的速度，同时颗粒在重力作用下，垂直向下运动，当颗粒在降尘室中的停留时间大于等于其从顶部降至底部的时间，该颗粒将可能被全部分离。

2. 离心沉降设备

当需分离的流固物系密度很小，颗粒粒度较细小时，可以采用离心沉降设备，以加快离心沉降过程。

旋风分离器是利用离心沉降原理，从气体中分离颗粒的设备。基本结构标准型旋风分离器上部为圆筒形主体，其顶端有一矩形进气管与之相切，下部为圆锥形，其底部接密封的排灰斗，上部中央为排气管，供净化后气体排出。旋风分离器无运动部件，操作不受温度、压强限制。

三、实验流程

1. 流程示意图

漩涡气泵将空气通过流量计打入沉降室。将颗粒不同的固体物料与空气混合形成"含尘气体"。含尘气体流经沉降室沉降后进入旋风分离器，气固被分离，固体落入集尘器内，气体从分离器的排气管流出，如图 2-7 所示。

2. 旋风分离器

除进气管外，形式和尺寸比例基本上与标准型旋风分离器相同，为同时兼顾便于加工、流动阻力小和分离效果好三方面的要求，本装置取旋风分离器进气管为圆管，其直径

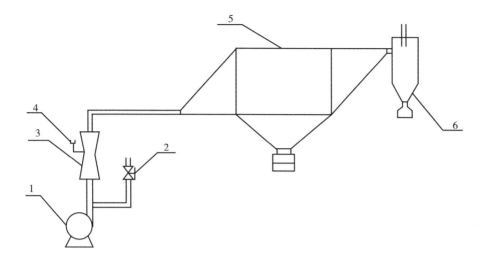

图 2-7　沉降-旋风气固分离实验

1—离心风机；2—风量调节阀；3—文丘里加料器；4—加料口；5—旋风分离器；6—粉尘收集器

$$d_1 = \frac{1}{2} \times (D - D_i)$$

式中：D——圆筒部分的直径，m；D_i——排气管的直径，m。

3. 漩涡气泵：型号 HG-12，550W，最大流量 50m³/h。

四、演示过程

1. 接通漩涡气泵电源开关，开启漩涡气泵。通过风量调节阀调节流量，了解气体流量变化趋势。

2. 将气体流量调节到适合的大小。将实验用的固体物料（沙子）倒入文丘里加料器中。

3. 观察、分析含尘气体及其中的尘粒和气体在分离器中的运动情况。虽然观察者实际上所看到的是尘粒的运动轨迹，但因尘粒沿器壁向下螺旋运动时受气流带动，故完全可以由此推断出粉尘和气体的流动路线。

4. 调节流量计使进气流量在不同的值时，观察收集器中的粉尘，观察不同阻力下不同的分离效果。

5. 结束实验时，切断漩涡气泵开关。若今后一段时间长期不用，停车后从集尘室内取出固体粉粒。

五、思考题

评价旋风分离器的主要指标是什么？影响其性能的因素有哪些？

实验七　恒压过滤常数的测定实验

一、实验目的

1. 熟悉板框过滤机的结构和操作方法；
2. 测定在恒压过滤操作时的过滤常数；
3. 掌握过滤问题的简化工程处理方法。

二、实验原理

过滤是利用能让液体通过而截留固体颗粒的多孔介质（滤布和滤渣），使悬浮液中的固、液得到分离的单元操作。过滤操作本质上是流体通过固体颗粒床层的流动，所不同的是，该固体颗粒床层的厚度随着过滤过程的进行不断增加。过滤操作可分为恒压过滤和恒速过滤。当恒压操作时，过滤介质两侧的压差维持不变，则单位时间通过过滤介质的滤液量会不断下降；当恒速操作时，即保持过滤速度不变。

过滤速率基本方程的一般形式为：

$$\frac{\mathrm{d}V}{\mathrm{d}t} = \frac{A^2 \Delta P^{1-s}}{\mu r' \nu (V + V_e)}$$

式中：V——τ 时间内的滤液量，m^3；

　　　V_e—— 过滤介质的当量滤液体积，它是形成相当于滤布阻力的一层滤渣所得的滤液体积，m^3；

　　　A—— 过滤面积，m^2；

　　　ΔP—— 过滤的压力降，Pa；

　　　μ—— 滤液黏度，Pa·s；

　　　v—— 滤饼体积与相应滤液体积之比，无因次；

　　　r'—— 单位压差下滤饼的比阻，$1/m^2$；

　　　s—— 滤饼的压缩指数，无因次。一般情况下，$s = 0 \sim 1$；对于不可压缩的滤饼，$s = 0$。

恒压过滤时，对上式积分可得：

$$(q + q_e)^2 = K(t + t_e)$$

式中：q—— 单位过滤面积的滤液量，$q = V/A$，m^3/m^2；

　　　q_e—— 单位过滤面积的虚拟滤液量，m^3/m^2；

K——过滤常数，即 $K = \dfrac{2\Delta P^{1-s}}{\mu r'v}$，$\text{m}^2/\text{s}$。

对上式微分可得：

$$\frac{\mathrm{d}t}{\mathrm{d}q} = \frac{2q}{K} + \frac{2q_e}{K}$$

该式表明 $\mathrm{d}t/\mathrm{d}q$-q 为直线，其斜率为 $2/K$，截距为 $2q_e/K$，为便于测定数据计算速率常数，可用 $\Delta t/\Delta q$ 替代 $\mathrm{d}t/\mathrm{d}q$，则上式可写成：

$$\frac{\Delta t}{\Delta q} = \frac{2q}{K} + \frac{2q_e}{K}$$

将 $\Delta t/\Delta q$ 对 q 标绘(q 取各时间间隔内的平均值)，在正常情况下，各点均应在同一直线上，直线的斜率为 $2/K = a/b$，截距为 $2q_e/K = c$，由此可求出 K 和 q_e。

三、实验装置

流程图如图 2-8 所示，滤浆槽内配有一定浓度的轻质碳酸钙悬浮液（浓度为 2%～4%），用电动搅拌器进行均匀搅拌（浆液不出现旋涡为好）。启动旋涡泵，调节阀门 3 使压力表 5 指示在规定值。滤液在计量桶内计量。

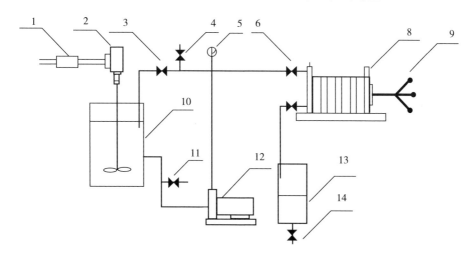

图 2-8　恒压常数测定过滤实验

1—调整器；2—电动搅拌器；3、4、6、11—阀门；5—压力表；

8—板框过滤机；9—压紧装置；10—滤浆槽；12—旋涡泵；13—计量桶

过滤、洗涤管路如图 2-9 所示。

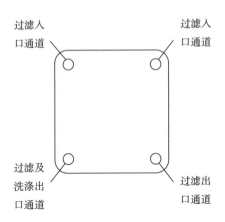

图 2-9　板框过滤机固定头管路分布图

四、实验步骤

1. 系统接上电源，打开搅拌器电源开关，启动电动搅拌器 2。将滤液槽 10 内浆液（碳酸钙质量分数约 10%）搅拌均匀。

2. 板框过滤机板、框排列顺序为：固定头—非洗涤板—框—洗涤板—框—非洗涤板—可动头。用压紧装置压紧后待用。

3. 使阀门 3 处于全开、阀 4、6、11 处于全关状态。启动旋涡泵 12，调节阀门 3 使压力表 5 达到规定值。

4. 待压力表 5 稳定后，打开过滤入口阀 6 及过滤出口阀，过滤开始。在计量桶 13 内见到第一滴液体时按表计时。记录滤液每增加高度 10mm 时所用的时间。当计量桶 13 读数为 160 左右时停止计时，并立即关闭入口阀 6。

5. 打开阀门 3 使压力表 5 指示值下降。开启压紧装置卸下过滤框内的滤饼并放回滤浆槽内，将滤布清洗干净。放出计量桶内的滤液并倒回槽内，以保证滤浆浓度恒定。

6. 改变压力，从（2）开始重复上述实验。

五、数据处理

表 2-9　恒压常数测定过滤实验

序号	高度 (mm)	q (m^3/m^2)	0.05MPa			0.10MPa			0.15MPa		
			时间 θ (s)	$\Delta\theta$ (s)	$\Delta\theta/\Delta q$	时间 θ (s)	$\Delta\theta$ (s)	$\Delta\theta/\Delta q$	时间 θ (s)	$\Delta\theta$ (s)	$\Delta\theta/\Delta q$
1											
2											

（续表）

序号	高度（mm）	q（m^3/m^2）	0.05MPa			0.10MPa			0.15MPa		
			时间 θ（s）	$\Delta\theta$（s）	$\Delta\theta/\Delta q$	时间 θ（s）	$\Delta\theta$（s）	$\Delta\theta/\Delta q$	时间 θ（s）	$\Delta\theta$（s）	$\Delta\theta/\Delta q$
3											
4											
5											
6											
7											
8											

将 $\Delta t/\Delta q$ 与 q 值绘入坐标系中，求出 K 与 q_e 的值。

六、思考题

1. 过滤速率随时间增长的趋势是怎样的？

2. 分析、讨论操作压力，流体速度及悬浮液含量对过滤速率的影响。

实验八　化工传热综合实验

一、实验目的

1. 通过对简单套管换热器的实验，掌握对流传热系数 α_i 的测定方法。应用线形回归分析方法，确定关联式 $Nu = A\,Re^m\,Pr^{0.4}$ 中常数 A、m 的值。

2. 通过对强化套管换热器的实验，测定其准数关联式 $Nu = B\,Re^m$ 中常数 B、m 的值和强化比 Nu/Nu_0。

3. 套管换热器的管内压降 Δp 和 Nu 之间的关系。

二、实验原理

1. 普通套管换热器传热系数及其准数关联式的测定

（1）对流传热系数 α_i 的测定

对流传热系数 α_i 可以根据牛顿冷却定律来实验测定：$\alpha_i = \dfrac{Q_i}{\Delta t_m \times S_i}$，其中 α_i 为管内流体对流传热系数，$W/(m^2 \cdot ℃)$；Q_i 为管内传热速率，W；S_i 为管内换热面积，m^2；Δt_m 为内管壁温度与内管流体温度的平均温差，$℃$。

平均温差 $\Delta t_m = t_w - \left(\dfrac{t_{i1} + t_{i2}}{2}\right)$，其中 t_{i1}，t_{i2} 为冷流体的入口、出口温度，$℃$；t_w 为壁面平均温度，$℃$。而管内换热面积 $S_i = \pi d_i L_i$，其中 d_i 为内管管内径，m；L_i 为传热管测量段的实际长度，m。

由热量衡算式 $Q_i = W_i c_{pi}(t_{i2} + t_{i1})$，其中质量流量由下式得 $W_i = \dfrac{V_i \rho_i}{3600}$。式中 V_i 为冷流体在套管内的平均体积流量，m^3/h，$V_i = 22.1 \times \sqrt{\dfrac{\Delta P}{\rho_t}}$；$c_{pi}$ 为冷流体的定压比热，$kJ/(kg \cdot ℃)$；ρ_i 为冷流体的密度，kg/m^3。c_{pi} 和 ρ_i 可根据定性温度 t_m 查得，$t_m = \dfrac{t_{i1} + t_{i2}}{2}$ 为冷流体进出口平均温度。

（2）准数关联式的测定

流体在管内作强制湍流，被加热状态下，准数关联式的形式为 $Nu = A\,Re^m\,Pr^n$，其中 $Nu = \dfrac{\alpha_i d_i}{\lambda_i}$，$Re = \dfrac{d_i \rho_i u_i}{\mu_i}$，$Pr = \dfrac{c_{pi} \mu_i}{\lambda_i}$。$\lambda_i$、$c_{pi}$、$\rho_i$、$\mu_i$ 都可根据定性温度

t_m查得。经计算可知对于管内被加热的空气，普兰特准数变化不大，可看作常数，则关联式简化为 $Nu = A\,Re^m\,Pr^{0.4}$。通过实验确定不同流量下的 Re 和 Nu，然后用线形回归的方法确定 A 和 m。

2. 强化套管换热器传热系数、准数关联式及强化比的测定

强化传热的方法有多种，本实验采用在换热器内管插入螺旋线圈的方法。经验公式为 $Nu = B\,Re^m$，其中 B 与 m 的值因螺旋丝尺寸不同而不同。本实验计算不同流量下的 Re 和 Nu，用线性回归的方法可确定 B 和 m。

单纯研究强化手段的强化效果（不考虑阻力），可以用强化比 Nu/Nu_0 作为评判准则，其中 Nu 是强化管的努塞尔准数，Nu_0 是普通管的努塞尔准数。显然强化比 $Nu/Nu_0 > 1$，且它的值越大强化效果越好。

三、实验流程图

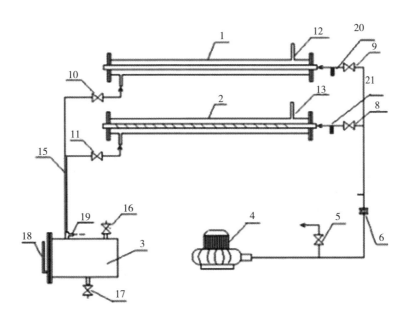

图 2-10 空气－水蒸气传热综合实验装置流程图

1—普通套管换热器；2—内插有螺丝线圈的强化套管换热器；3—蒸汽发生器；

4—旋涡气泵；5—旁路调节阀；6—孔板流量计；8、9—空气支路控制阀；

10、11—蒸汽支路控制阀；12、13—蒸汽放空口；15—紫铜管（蒸汽上升主管道）；

16—加水口；17—放水口；18—液位计；19—蒸汽出口；20、21—进口空气温度测试热电偶

表 2 - 10　实验装置结构参数

实验内管内径 d_i（mm）	20
实验内管外径 d_o（mm）	22
实验外管内径 D_i（mm）	46
实验外管外径 D_o（mm）	50
总管长（紫铜内管）L（mm）	1230
测量段管长 l（mm）	1000

四、操作步骤

1. 实验前应熟悉实验流程，做好实验的准备工作。

2. 检查电源连接是否正确，风机、加热装置工作是否正常，设备密封是否良好。

3. 检查蒸汽发生器内水位是否符合要求，必要时加水，以免热管烧坏。

4. 检查热电偶接触是否良好，看热电偶插入处有无脱落。

5. 实验正常操作前应稍开放空阀排出不凝性气体。

6. 启动电源开关后，电源指示灯亮；打开蒸汽发生器加热开关。将蒸汽发生器加热温度仪表设定至所需温度值。

7. 由于热电偶测量时存在一定的误差，故蒸汽温度显示 101℃ 左右时蒸发器内的水沸腾。此时可以打开风机开关调节风量调节阀，开始进行传热实验。

8. 读取实验数据时应待操作稳定后才开始进行，一组实验数据应连续进行测定，两组数据间应有一定的稳定时间，每组实验数据的测温点应始终保持不变，以减少系统误差。各组实验数据间操作状态的改变，通过调节风机出口阀的开度，开大阀门则增加冷流体进料量，调小反之。

9. 实验完毕，应先关掉蒸发器开关，将电流表调至零，停止加热；风机继续工作一段时间，待蒸发器温度降至 50℃ 以下再关掉所有电源开关，结束实验。

五、注意事项

1. 蒸发器加水一般加到水箱的 2/3 即可，假若水位超过了此高度那么不管再加多少水观察孔的指示都不会改变。液位最少时也不能低于蒸汽发生器的 1/2，否则电热管极易烧坏！

2. 实验操作时应注意安全，防止触电和烫伤。

3. 测量时应逐步加大气相流量，记录数据；否则，实验数值误差较大。

六、实验数据的记录与计算

1. 实验数据的记录

实验数据记录于下表。

表 2 - 11　化工传热综合实验数据记录表

序号	流量/$m^3 \cdot h^{-1}$	$t_1/℃$	$t_2/℃$	$t_w/℃$
1				
2				
3				
4				
5				
6				

2. 实验数据的处理

请根据实验数据，举一组数据为例，计算总传热系数。

七、思考题

1. 热电偶测温的原理是什么？

2. 实验过程中，冷凝水不及时排走，对实验结果会产生什么影响？

实验九　精馏实验

一、实验目的

1. 熟悉了解精馏装置基本流程和操作方法。
2. 了解各种精馏过程的原理及应用范围。

二、实验基本原理

精馏是化工工艺过程中重要的单元操作，是化工生产中不可缺少的手段，其基本原理是因为不同液体挥发成蒸汽的能力不尽相同，所以，混合物系的液体部分汽化所生成的气相组分与液相组分亦有所差异。利用组分的汽液平衡关系、混合物之间相对挥发度的差异，将多组分液体升温部分汽化并与回流的液体接触，使易挥发组分（轻组分）逐级向上传递提高浓度，而不易挥发组分（重组分）则逐级向下传递增高浓度。若采用填料塔形式，对二元组分来说，则可在塔顶得到含量较高的轻组分产物，塔底得到含量较高的重组分产物。

1. 对于全回流时的全塔效率

对于二元物系，如已知其气液平衡数据，则可以根据精馏塔的原料液组成，进料热状况，操作回流比以及塔顶流出液组成，塔底釜液组成求出该塔的理论板数 N_T。按照下式可以得到总板效率 E_T，其中 N_P 为实际塔板数。

$$E_T = \frac{N_T}{N_P} \times 100\%$$

理论板数可以由逐板计算法或梯级图解法求得，对乙醇-乙二醇一般用图解法，全回流时全塔操作线与对角线重合，故只需测出塔顶和塔釜产品浓度，即可在平衡线与对角线间画出理论板数。

2. 对于连续精馏的全塔效率

精馏塔在进料状况和进料量一定的条件下，维持全塔的物料平衡即塔顶和塔釜有一定采出，回流比也一定时，维持稳定操作一定的时间，取塔顶和塔釜样品，测其浓度，由梯级图解法同样画出理论板数后，求出全塔效率。

三、装置流程图

筛板精馏塔的主要技术参数：塔板直径 70mm，板间距 100mm，筛孔直径 2mm，开孔率 6.6%，塔板数 11。

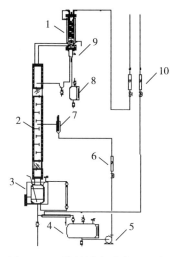

图 2-11 精馏塔实验装置示意图

1—塔头；2—塔体；3—塔釜（带加热套）；4—原料液储罐；5—进料泵；6—进料流量计；
7—进料预热器；8—产品储罐；9—回流比控制器；10—冷却水流量计

四、实验指导

1. 分离物系的确定：要选择的物系是属于理想溶液还是非理想溶液，如果是前者，分离为较纯的物质；相反的只能分离为共沸组成的物质。为得到较好的数据应选择前者，仅仅为测定塔理论板数的话，最好选正庚烷-甲基环己烷、苯-四氯化碳、苯-二氯乙烷等二元标准体系。

2. 普通精馏塔可间歇操作亦可连续操作，不管哪种操作都需要一定的稳定时间，尤其是连续操作更是如此。

3. 通常，在不同的二元混合溶液精馏过程中，可定性地看出塔的效率如何。主要是在全回流条件下取塔顶产物分析，纯度越高则效率越高，对共沸物来说，越接近共沸组成则效率越高。

4. 作为精馏实验教学训练，选取沸点相差较大的二元混合物系为好，例如：苯-甲苯、苯-二甲苯、甲醇-乙醇、乙醇-丙醇、乙醇-丁醇、正己烷-正庚烷等。以醇类同系物为好，适于做连续精馏。

五、实验步骤

1. 实验前准备工作

将阿贝折光仪配套的超级恒温水浴调整到所需温度（30 度），并记下这个温度。配置一定浓度的乙醇/正丙醇混合液，然后加到进料槽中，在精馏塔釜中加入其容积 2/3 的混合液。

2. 全回流操作

向塔顶冷凝器通入冷却水,接通塔釜加热器电源,设定加热温度进行加热,当塔釜中液体开始沸腾时,注意观察塔内气液接触状况,当塔顶有液体回流后,适当调整加热温度,使塔维持正常的加热状态。维持全回流状态操作至塔顶温度保持 10 分钟,调节适宜的回流比,在塔顶和塔釜分别取样,记录取样时的塔顶塔釜以及塔中温度,用阿贝折光仪测量产品浓度。实验结束后,停止加热,待塔釜温度冷却至室温,关闭冷却水,一切复原,并打扫实验室卫生,将实验室水电切断后,方能离开实验室。

六、实验结果

精馏过程中随时记录精馏的时间、塔头以及塔釜温度、进料流量、色谱分析出料组成,填入下表。

表 2-12 精馏实验数据记录表

分离组分: 原料组成:

序号	时间	预热温度	塔头温度	塔釜温度	进料量	出料组成
1						
2						
3						

请根据实验数据计算全塔效率。

七、注意事项

1. 开启加热器之前应把功率调到最小,开启后缓慢加大,以免烧坏加热器。
2. 连续进料时,应保证原料罐中有足够的物料。

八、思考题

1. 精馏的原理是什么?
2. 最高共沸物和最低共沸物的区别是什么?

附录 常压下乙醇-正丙醇汽液平衡数据

$X/$(摩尔分率)	0.126	0.210	0.358	0.546	0.600	0.663	0.884	1.000
$Y/$(摩尔分率)	0.240	0.349	0.550	0.711	0.760	0.799	0.914	1.000

实验十 液-液萃取塔实验

一、实验目的

1. 了解转盘萃取塔的结构和特点；
2. 掌握液—液萃取塔的操作；
3. 掌握传质单元高度的测定方法，并分析外加能量对液液萃取塔传质单元高度和通量的影响。

二、实验原理

萃取是利用原料液中各组分在两个液相中的溶解度不同而使原料液混合物得以分离。

将一定量萃取剂加入原料液中，然后加以搅拌使原料液与萃取剂充分混合，溶质通过相界面由原料液向萃取剂中扩散，所以萃取操作与精馏、吸收等过程一样，也属于两相间的传质过程。

与精馏、吸收过程类似，由于过程的复杂性，萃取过程也被分解为理论级和级效率；或传质单元数和传质单元高度，对于转盘塔、振动塔这类微分接触的萃取塔，一般采用传质单元数和传质单元高度来处理。传质单元数表示过程分离难易的程度。

对于稀溶液，传质单元数可近似用下式表示：

$$N_{OR} = \int_{x_2}^{x_1} \frac{\mathrm{d}x}{x - x^*}$$

式中：N_{OR}——萃余相为基准的总传质单元数；

x——萃余相中的溶质的浓度，以摩尔分率表示；

x^*——与相应萃取浓度成平衡的萃余相中溶质的浓度，以摩尔分率表示；

x_1、x_2——分别表示两相进塔和出塔的萃余相浓度。

传质单元高度表示设备传质性能的好坏，可由下式表示：

$$H_{OR} = \frac{H}{N_{OR}}$$

$$K_x a = \frac{L}{H_{OR}\Omega}$$

式中：H_{OR}——以萃余相为基准的传质单元高度，m；

H——萃取塔的有效接触高度，m；

$K_x a$——萃余相为基准的总传质系数，kg/（m³·h·Δx）；

L——萃余相的质量流量，kg/h；

Ω——塔的截面积，m²。

已知塔高度 H 和传质单元数 N_{OR} 可由上式取得 H_{OR} 的数值。H_{OR} 反映萃取设备传质性能的好坏，H_{OR} 越大，设备效率越低。影响萃取设备传质性能 H_{OR} 的因素很多，主要有设备结构因素，两相物质性因素，操作因素以及外加能量的形式和大小。

三、实验装置

本实验以水为萃取剂，从煤油中萃取苯甲酸。煤油相为分散相，从塔底进，向上流动从塔顶出。水为连续相，从塔顶入向下流动至塔底经液位调节罐出。水相和油相中的苯甲酸的浓度由滴定的方法确定。由于水与煤油是完全不互溶的，而且苯甲酸在两相中的浓度都非常低，可以近似认为萃取过程中两相的体积流量保持恒定。

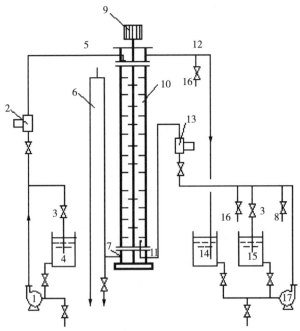

图 2-12　转盘萃取塔流程

1—水泵；2—重相流量计；3—回流阀；4—重相入口液储槽；5—重相入口；6—Ⅱ形管；

7—重相出口；8—回收口；9—电机；10—萃取塔；11—重相出口；12—轻相出口；

13—轻相流量计；14—轻相出口液储槽；15—轻相原料液储槽；16—取样口；17—油泵

表 2－13　转盘萃取塔参数

塔内径	塔高	传质区高度
37mm	1000mm	750mm

四、实验步骤

1. 实验内容

以水萃取煤油中的苯甲酸为萃取物系:

(1) 以煤油为分散相,水为连续相,进行萃取过程的操作;

(2) 测定不同流量下的萃取效率 (传质单元高度);

(3) 测定不同转速下的萃取效率 (传质单元高度)。

2. 实验步骤

(1) 在水原料罐中注入适量的水,在油相原料罐中放入配好浓度 (如 0.002kg 苯甲酸/kg 煤油) 的煤油溶液。

(2) 全开水转子流量计,将连续相水送入塔内,当塔内液面升至重相入口和轻相出口中点附近时,将水流量调至某一指定值 (如 4L/h),并缓慢调节液面调节罐使液面保持稳定。

(3) 将转盘速度旋钮调至零位,然后缓慢调节转速至设定值。

(4) 将油相流量调至设定值 (如 6L/h) 送入塔内,注意并及时调整罐使液面保持稳定的保持在相入口和轻相出口中点附近。

(5) 操作稳定半小时后,用锥形瓶收集油相进出口样品各 40mL 左右,水相出口样品 50mL 左右分析浓度。用移液管分别取煤油溶液 10mL,水溶液 25mL,以酚酞为指示剂,用 0.01mol/L 的 NaOH 标准溶液滴定样品中苯甲酸的含量。滴定时,需加入数滴非离子表面活性剂的稀溶液并激烈摇动至滴定终点。

(6) 取样后,可改变两相流量或转盘转速,进行下一个实验点的测定。

五、注意事项

1. 在操作过程中,要绝对避免塔顶的两相界面在轻相出口以上。因为这样会导致水相混入油相储槽。

2. 由于分散相和连续相在塔顶、塔底滞留很大,改变操作条件后,稳定时间一定要足够长,大约要用半小时,否则误差极大。

3. 煤油的实际体积流量并不等于流量计的读数。需用煤油的实际流量数值时,必须用流量修正公式对流量计的读数进行修正后方可使用。

六、实验结论及误差分析

1. 实验结论

本实验利用转盘萃取塔做液液萃取实验。从结果表中可以看出，当增加水流量时，传质系数增加，塔顶轻相的苯甲酸浓度明显增大，而塔底重相苯甲酸浓度明显降低。

当其他条件不变，增大转速时，传质系数减小，塔顶轻相的苯甲酸浓度降低，而塔底重相的苯甲酸浓度增大。

2. 误差分析

（1）转子流量计的转子不稳定，实验过程中的流量与设定值不一致；

（2）实验中的滴定现象不是很明显，使得滴定终点很难确定；

（3）实验仪器的系统误差，造成数显仪上的数值误差。

七、思考题

1. 在萃取过程中选择连续相、分散相的原则是什么？

2. 转盘萃取塔有什么特点？

3. 萃取过程对哪些体系最好？

实验十一 洞道式干燥器实验

一、实验目的

1. 熟悉常压洞道式（厢式）干燥器的构造和操作；
2. 测定在恒定干燥条件（即热空气温度、湿度、流速不变、物料与气流的接触方式不变）下的湿物料干燥曲线和干燥速率曲线；
3. 测定该物料的临界湿含量 X_0；
4. 掌握有关测量和控制仪器的使用方法。

二、实验原理

单位时间被干燥物料的单位表面上除去的水分量称为干燥速率，即

$$u = \frac{-G_C \mathrm{d}X}{A \mathrm{d}\tau} = \frac{\mathrm{d}W}{A \mathrm{d}\tau} \qquad \mathrm{kg/\ (m^2 \cdot s)}$$

式中：G_C——湿物料中的干物料的质量，kg；

$\quad$ X——湿物料的干基含水量，$\mathrm{kg_{水}/kg_{干料}}$；

$\quad$ A——干燥面积，$\mathrm{m^2}$；

$\quad$ $\mathrm{d}W$——湿物料被干燥掉的水分，kg；

$\quad$ $\mathrm{d}\tau$——干燥时间，s。

当湿物料和热空气接触时，被预热升温并开始干燥，在恒定干燥条件下，若水分在表面的汽化速率小于或等于其从物料内层向表面层迁移的速率时，物料表面仍被水分完全润湿，干燥速率保持不变，称为等速干燥阶段或表面汽化控制阶段。

当物料的含水量降至临界湿含量以下时，物料表面仅部分润湿，且物料内部水分向表层的迁移速率又低于水分在物料表面的汽化速率时，干燥速率就不断下降，称为降速干燥阶段或内部扩散阶段。

三、实验流程

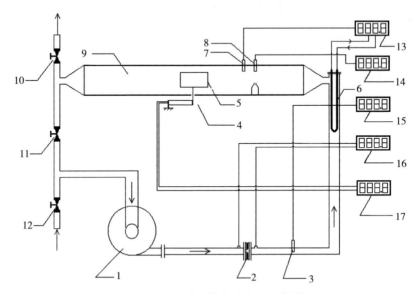

图 2-13 洞道干燥实验流程示意图

1—离心风机；2—孔板流量计；3、15—孔板流量计处温度计显示仪；

4、17—重量传感器显示仪；5—干燥物料（帆布）；6—电加热器；7—干球温度计；

8、14—湿球温度计显示仪；9—洞道干燥室；10—废气排出阀；11—废气循环阀；

12—新鲜空气进气阀；13，14，15，17—电加热控制仪表；16—孔板流量计压差变送器和显示仪；

四、操作步骤

1. 将干燥物料（帆布）放入水中浸湿。

2. 调节送风机吸入口的新鲜空气进气阀 12 到全开的位置后启动风机。

3. 用废气排出阀 10 和废气循环阀 11 调节到指定的流量后，开启加热电源。在智能仪表中设定干球温度，仪表自动调节到指定的温度。

4. 在空气温度、流量稳定的条件下，用重量传感器测定支架的重量并记录下来。

5. 把充分浸湿的干燥物料（帆布）5 固定在重量传感器 4 上并与气流平行放置。

6. 在稳定的条件下，记录干燥时间每隔 2 分钟干燥物料减轻的重量。直至干燥物料的重量不再明显减轻为止。

7. 改变空气流量或温度，重复上述实验。

8. 关闭加热电源，待干球温度降至常温后关闭风机电源和总电源。

9. 实验完毕，一切复原。

五、数据处理

1. 绘制干燥曲线（失水量-时间关系曲线）；

2. 根据干燥曲线作干燥速率曲线；

3. 读取物料的临界湿含量；

4. 对实验结果进行分析讨论。

六、思考题

1. 实验所用物料含水是什么性质的水分？

2. 实验过程中干、湿球温度计是否变化？为什么？

3. 恒定干燥条件是指什么？

4. 如何判断实验已经结束？

实验十二　变压吸附气体分离实验

一、实验目的

1. 深刻理解吸附理论，掌握所学理论知识，并与实践相结合；
2. 掌握吸附中变压吸附的应用，学会设备的操作；
3. 掌握变压吸附中压力变化、阀门切换实践变化与吸附量的关系。

二、实验基本原理

吸附是一个复杂过程，存在着化学和物理吸附现象，而变压吸附则是纯物理吸附，整个过程均无化学吸附现象存在。

众所周知，当气体与多孔和固体吸附剂（如活性炭类）接触，因固体表面分子与内部分子不同，具有剩余的表面自由力场或称表面引力场，因此使气相中的可被吸附的组分分子碰撞到固体表面后即被吸附。当吸附于固体表面分子数量逐渐增加，并将要被覆盖时，吸附剂表面的再吸附能力下降，即失去吸附能力，此时已达到吸附平衡。变压吸附是在较高压力下进行吸附，在较低压力下使吸附的组分解吸出来。从图 2-14 吸附等温线可看出，吸附量与分压的关系，升压吸附量增加，而降压可使吸附分子解吸，但解吸不完全，故用抽空方法得到脱附解吸并使吸附剂再生。

吸附-解吸的压力变换为反复循环过程，但解吸条件不同，可以有不同结果，可通过图 2-14 得到解释。

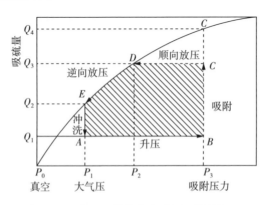

图 2-14　变压吸附的基本过程（常压解吸）

当被处理的吸附混合物中有强吸附物和弱吸附物存在时，强吸附物被吸附，而弱吸附物被强吸附物取代而排出，在吸附床未达到吸附平衡时，弱吸附物可不断排出，并且被提纯。

三、实验设备

装置流程示意如图。

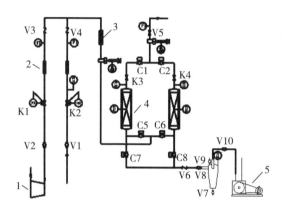

图 2-15　变压吸附实验装置流程示意图

1—空压机；2—干燥器；3—混合气；4—吸附塔；5—真空泵；V—阀门；K—调节阀；C—电动阀

四、实验步骤

1. 变压吸附

（1）试漏。按流程图连接好管路，开启空压机，关闭 K2 支路，开启 K1 支路，关闭出口阀，检查系统气密性，如有压力下降，用肥皂水涂拭各接点，直至找出漏点，使系统不漏气为止。

（2）开启总电源，开启变压进气管路及尾气出气管路。开启变压温度、压力及氧气浓度仪表，打开变压开关。装置自动运行。手动转动调节阀 K3 和 K4，调节氧气的出气量。

（3）运行过程中观察两个吸附器床层的压力变化，以及出口氧气浓度的变化。

2. 吸附与再生

开启 C5、C1，关闭其他电磁阀，此时为变压吸附器 1 吸附状态，若需要同时再生变压吸附器 2，打开阀门 C8 对吸附器 2 进行常压脱附。同理，当变压吸附器 2 吸附时，开启 C6、C2，关闭其他电磁阀，此时为变压吸附器 2 吸附状态，若需要同时再生变压吸附器 1，打开电磁阀 C7，对吸附器 1 进行常压脱附。

五、数据处理

表 2-14　变压吸附气体分离实验数据记录表

编号	时间	压力	尾气氧气含量,%	时间	压力	尾气氧气含量,%

六、注意事项

1. 实验开始时，先试漏再进行操作。
2. 注意氧分析仪的使用方法和维护。

七、思考题

1. 变压吸附的原理在流程中是如何体现的？
2. 变压吸附效果的影响因素有哪些？

实验十三 吸收实验

一、实验目的

1. 了解填料塔吸收装置的基本结构及流程；
2. 掌握总体积传质系数的测定方法；
3. 了解气体空塔速度和液体喷淋密度对总体积传质系数的影响。

二、基本原理

气体吸收是典型的传质过程之一。由于 CO_2 气体无味、无毒、廉价，所以气体吸收实验常选择 CO_2 作为溶质组分。本实验采用水吸收空气中的 CO_2 组分。一般 CO_2 在水中的溶解度很小，即使预先将一定量的 CO_2 气体通入空气中混合以提高空气中的 CO_2 浓度，水中的 CO_2 含量仍然很低，所以吸收的计算方法可按低浓度来处理，并且此体系 CO_2 气体的解吸过程属于液膜控制。因此，本实验主要测定 $K_x a$ 和 H_{OL}。

1. 计算公式

填料层高度 Z 为：

$$z = \int_0^Z \mathrm{d}Z = \frac{L}{K_x a} \int_{x_2}^{x_1} \frac{\mathrm{d}x}{x - x^*} = H_{OL} \cdot N_{OL}$$

式中：L——液体通过塔截面的摩尔流量，$kmol/(m^2 \cdot s)$；

$K_x a$——以 ΔX 为推动力的液相总体积传质系数，$kmol/(m^3 \cdot s)$；

H_{OL}——液相总传质单元高度，m；

N_{OL}——液相总传质单元数，无因次。

令：吸收因数 $A = \dfrac{L}{mV}$

$$N_{OL} = \frac{1}{1-A} \ln \left[(1-A) \frac{y_1 - mx_2}{y_1 - mx_1} + A \right]$$

2. 测定方法

（1）空气流量和水流量的测定

本实验采用转子流量计测得空气和水的流量，并根据实验条件（温度和压力）和有关公式换算成空气和水的摩尔流量。

（2）测定填料层高度 Z 和塔径 D；

（3）测定塔顶和塔底气相组成 y_1 和 y_2；

（4）平衡关系。

本实验的平衡关系可写成

$$y = mx$$

式中：m——相平衡常数，$m = E/P$；

　　　E——亨利系数，$E = f(t)$，Pa，根据液相温度由附录查得；

　　　P——总压，Pa，取 1atm。

对清水而言，$x_2 = 0$，由全塔物料衡算

$$G(y_1 - y_2) = L(x_1 - x_2)$$

可得 x_1。

三、实验装置

1. 装置流程

实验装置如图 2-16 所示。

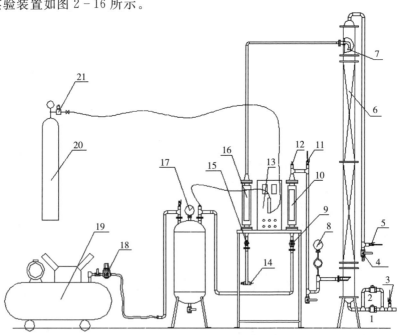

图 2-16　吸收装置流程图

1、2—手阀；3—取样口；4—排气口；5—取样口；6—有机玻璃塔节；7—喷淋头；8—压力表；9—气体流量调节阀门；10—气体转子流量计；11—气体取样口；12—气体温度传感器；13—仪表控制箱；14—液体温度传感器；15—液体流量调节阀；16—液体转子流量计；17—压力表；18—压力定值调节阀；19—空气压缩机；20—CO₂钢瓶；21—减压阀

本实验装置流程：由自来水经离心泵加压后送入填料塔塔顶经喷头喷淋在填料顶层。由压缩机送来的空气和由二氧化碳钢瓶来的二氧化碳混合后，一起进入气体中间贮罐，然后再直接进入塔底，与水在塔内进行逆流接触，进行质量和热量的交换，由塔顶出来的尾气经转子流量计后放空，由于本实验为低浓度气体的吸收，所以热量交换可忽略不计，整个实验过程看成是等温操作。

2. 主要设备

（1）吸收塔：高效填料塔，塔径 100mm，塔内装有金属丝网板波纹规整填料，填料层总高度 1200mm。塔顶有液体初始分布器，塔中部有液体再分布器，塔底部有栅板式填料支承装置。填料塔底部有液封装置，以避免气体泄漏。

（2）填料：金属丝网板波纹规整填料，规格：$\phi 100 \times 100$。

（3）转子流量计。

表 2-15　吸收实验设备条件表

介质	条件			
	最大流量	最小刻度	标定介质	标定条件
空气	$4m^3/h$	$0.4m^3/h$	空气	20℃　1.0133×10^5Pa
CO_2	250L/h	25L/h	空气	20℃　1.0133×10^5Pa
水	600L/h	60L/h	水	20℃　1.0133×10^5Pa

（4）空压机：压力 0.8MPa，排气量 $0.08m^3/min$。

（5）二氧化碳钢瓶。

四、实验步骤与注意事项

1. 实验步骤

（1）熟悉实验流程及弄清气相色谱仪及其配套仪器结构、原理、使用方法及其注意事项。

（2）打开仪表电源开关。

（3）开启液体调节阀门，让水进入填料塔润湿填料，仔细调节液体调节阀门，使液体转子流量计流量稳定在某一实验值。（塔底液封控制：仔细调节阀门2 的开度，使塔底液位缓慢地在一段区间内变化，以免塔底液封过高溢满或过低而泄气。）

（4）启动空压机，打开 CO_2 钢瓶总阀，并缓慢调节钢瓶的减压阀（注意减压阀的开关方向与普通阀门的开关方向相反，顺时针为开，逆时针为关），使其压力稳定在 0.1~0.2MPa。

（5）调节 CO_2 转子流量计的流量，使其稳定在某一值。

（6）待塔操作稳定后，读取各流量计的读数，并读取各温度读数，进行取样并分析出塔顶、塔底气相组成。

（7）实验完毕，关闭 CO_2 转子流量计、液体转子流量计，再关闭空压机电源开关，清理实验仪器和实验场地。

2. 注意事项

（1）固定好操作点后，应随时注意调整以保持各量不变。

（2）在填料塔操作条件改变后，需要有较长的稳定时间，一定要等到稳定以后方能读取有关数据。

（3）由于 CO_2 在水中的溶解度很小，因此，在分析组成时一定要仔细认真，这是做好本实验的关键。

五、实验报告

1. 将原始数据列表。

2. 在双对数坐标纸上绘图表示二氧化碳解吸时体积传质系数、传质单元高度与气体流量的关系。

3. 列出实验结果与计算示例。

六、思考题

1. 本实验中，为什么塔底要有液封？液封高度如何计算？

2. 测定 $K_x a$ 有什么工程意义？

3. 当气体温度和液体温度不同时，应用什么温度计算亨利系数？

实验十四　固体流态化实验

一、实验目的

1. 观察散式和聚式流态化现象；

2. 测定液固与气固流态化系统中流体通过固体颗粒床层的压降和流速之间的关系。

二、基本原理

流体（液体或气体）自下而上通过一固体颗粒床层，当流速较低时流体自固体颗粒间隙穿过，固体颗粒不动；流速加大固体颗粒松动，流速继续增大至某一数值，固体颗粒被上升流体推起，上下左右翻滚，作不规则运动，如沸腾状，此即固体流态化。

液固系统的流态化，固体颗粒被扰动的程度比较平缓，液固两相混合均匀，这种流化状态称为"散式流态化"；气固系统的流态化，由于气体与固体的密度差较大，气流推动固体颗粒比较困难，大部分气体形成气泡穿过床层，固体颗粒也被成团地推起，这种流化状态称为"聚式流态化"。

流态化床层的压降可由下式表达：

$$\Delta P = L \ (\rho_s - \rho) \ (1-\varepsilon) \ g$$

对于球形颗粒，起始流化速度（又称临界流速）可由下式表达：

$$u_{mf} = 0.00059 \frac{d_p^2 \ (\rho_s - \rho) \ g}{\mu}$$

以上两式中：L——床层高度，m；

ρ_s——固体颗粒密度，kg/m^3；

ρ——流体密度，kg/m^3；

ε——床层空隙率；

g——重力加速度，m/s^2；

d_p——固体颗粒平均直径，m；

μ——流体黏度，$N \cdot s/m^2$。

由以上两式可知，影响流化床层和起始流化速度的因素主要为床层高度、流体与颗粒的密度、颗粒空隙率和颗粒尺寸、流体黏度等。另外可根据佛鲁德准数

$(Fr)_{mf} = \dfrac{u_{mf}^2}{g d_p}$判断两种流化状态，$(Fr)_{mf}$小于 1 时为散式流态化，大于 1 时为聚式流态化。上述各关系可以通过实验进行验证。

三、实验装置

实验装置流程见图 2-17 所示，分液固和气固两种流化床，均为矩形透明有机玻璃结构，床层横截面积尺寸为 150×20mm，分布板上放置约 1 公斤 $\phi 575 \mu$m 玻璃球固体颗粒。液固系统的水由旋涡式水泵自塑料水箱抽取经转子流量计送入流化床底部，床层压降由倒置的 U 形管压差计计量，流经床层的水由顶部溢流槽流回水箱。气固系统的空气由离心式鼓风机送来，经孔板流量计（孔径 $\phi 9$mm，管径 24.8mm）送入流化床底部，孔板压差由一斜式压差计计量（空气流量经计算求得），床层压降由一单管压差计计量。

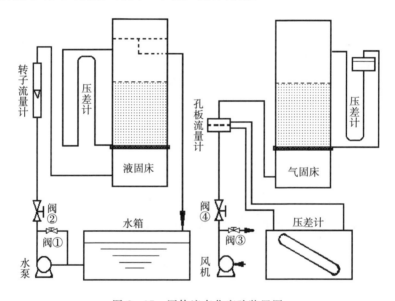

图 2-17 固体流态化实验装置图

四、实验步骤

在熟悉实验设备、流程、各控制开关、阀门的基础上按以下步骤进行实验：

1. 散式流态化（液固床）的操作：

（1）检查阀①应处于全开状态，阀②应处于全关状态；

（2）启动泵（按下绿色按钮，启动前应搬动泵轴使其转动灵活）；

（3）缓缓打开阀②，流量计浮子升起，使流化床内充满水至上部溢流槽，检查倒置的 U 型管压差计的测压引线如有气泡应排除；

（4）调节阀②和①（小流量调节阀②，大流量调节阀①）从小到大测取十个以上不同流量下的床层压降值，同时观察床层的变化（记录下床层高度和变化现象）；

（5）结束实验：先把阀①全开、阀②全关恢复固定床状态，然后按下红色按钮停泵。

2. 聚式流态化（气固床）的操作：

（1）检查阀③应处于全开状态，阀④应处于全关状态；

（2）启动鼓风机（按下绿色按钮）；

（3）缓缓打开阀④，关小阀③，待床层出现流态化后重新打开阀③关闭阀④恢复固定床状态；

（4）调节阀④（小流量调节阀④，大流量关小阀③）从小到大测取十个以上不同空气流量下的床层压降值，同时观察床层的变化（记录下床层高度和变化现象）；

（5）结束实验：先把阀③全开，全关④恢复固定床状态，然后按下红色按钮停风机。

（6）空气流量计算式：$V = 0.163R^{0.4332}$　　　[L/s]

式中：R 为倾斜压差计示值 [mmH$_2$O]。

五、实验结果及数据处理

1. 将实验数据和计算结果记入实验数据表；

2. 在双对数坐标纸上分别标绘液固和气固床层压降 ΔP 与液、气空床流速 u 的关系曲线。

六、思考题

1. 分析讨论流态化过程所观察到的现象，并与理论分析进行比较。

2. 举例说明各种不正常的流化现象及其产生的原因。

3. 在流化床阶段，床层压降为什么会不停地波动？

附　　录

附录 1　法定基本单位

量的名称	单位名称	单位符号
长度	米	m
质量	千克（公斤）	kg
时间	秒	s
电流	安培	A
热力学温度	开尔文	K
物质的量	摩尔	mol
光强度	坎德拉	cd

附录 2　常用物理量及单位

量的名称	量的符号	单位符号	量的名称	量的符号	单位符号
质量	m	kg	黏度	μ	Pa·s
力（重量）	F	N	功、能、热	W、E、Q	J
压强（压力）	p	Pa	功率	P	W
密度	ρ	kg/m³			

附录 3　基本常数与单位

名称	符号	数值
重力加速度(标)	g	9.80665m/s^2
波尔兹曼常数	k	$1.38044 \times 10^{-25} \text{J/K}$
气体常数	R	8.314J/(mol·K)
气体标准摩尔比容	V_0	$22.4136 \text{m}^3/\text{kmol}$
阿伏伽德罗常数	N_A	$6.02296 \times 10^{23} \text{mol}^{-1}$
斯蒂芬-波尔兹曼常数	σ	$5.669 \times 10^{-8} \text{W/(m}^2 \cdot \text{K}^4)$
光速(真空中)	c	$2.997930 \times 10^8 \text{m/s}$

附录 4　单位换算

(1)质量

千克 (kg)	吨 (t)	磅 (1b)
1000	1	2204.62
0.4536	4.536×10^{-4}	1

(2)长度

米 (m)	英寸 (in)	英尺 (ft)	码 (yd)
0.30480	12	1	0.33333
0.9144	36	3	1

(3)面积

米^2 (m^2)	厘米^2 (cm^2)	英寸^2 (in^2)	英尺^2 (ft^2)
6.4516×0^{-4}	6.4516	1	0.006944
0.9290	929.030	144	1

注:1 平方公里=100 公顷=10,000 公亩=10^6平方米。

(4)容积

米³(m³)	升(L)	英尺³(ft³)	英加仑(UKgal)	美加仑(USgal)
0.02832	28.3161	1	6.2288	7.48048
0.004546	4.5459	0.16054	1	1.20095
0.003785	3.7853	0.13368	0.8327	1

(5)流量

米³/秒 (m³/s)	升/秒 (l/s)	米³/时 (m³/h)	美加仑/分 (USgal/min)	英尺³/小时 (ft³/h)	英尺³/秒 (ft³/s)
6.309×10^{-5}	0.06309	0.2271	1	8.021	0.002228
7.866×10^{-6}	7.866×10^{-3}	0.02832	0.12468	1	2.788×10^{-4}
0.02832	28.32	101.94	448.8	3600	1

(6)力(重量)

牛顿(N)	公斤(kgf)	磅(lb)	达因(dyn)	磅达(pdl)
4.448	0.4536	1	444.8	32.17
10^{-3}	1.02×10^{-6}	2.248×10^{-6}	13825	0.7233×10^{-4}
0.1383	0.01410	0.03310		1

(7)密度

千克/米³(kg/m³)	克/厘米³(g/cm³)	磅/英尺³(lb/ft³)	磅/加仑(lb/USgal)
16.02	0.01602	1	0.1337
119.8	0.1198	7.481	1

(8)压强

帕 (Pa)	巴 (bar)	公斤(力)/厘米²(kgf/cm²)	磅/英寸²(lb/in²)	标准大气压 (atm)	水银柱 毫米(mm)	水银柱 英寸(in)	水柱 米(m)	水柱 英寸(in)
10^5	1	1.0197	14.50	0.9869	750.0	29.53	10.197	401.8
9.807×10^4	0.9807	1	14.22	0.9678	735.5	28.96	10.01	394.0
6895	0.06895	0.07031	1	0.06804	51.71	2.036	0.7037	27.70
1.0133×10^5	1.0133	1.0332	14.7	1	760	29.92	10.34	407.2
1.333×10^5	1.333	1.360	19.34	1.316	1000	39.37	13.61	535.67
3.386×10^5	0.03386	0.03453	0.4912	0.03342	25.40	1	0.3456	13.61
9798	0.09798	0.09991	1.421	0.09670	73.49	2.893	1	39.37
248.9	0.002489	0.002538	0.03609	0.002456	1.867	0.07349	0.0254	1

注:有时"巴"亦指 1[达因/厘米²],即相当于表中之 1/10⁶(亦称"巴利");1[公斤(力)/厘米²]=98100[牛顿/米²]。毫米水银柱亦称"托"(Torr)。

（9）动力黏度（通称黏度）

帕·秒 (Pa·s)	泊 (P)	厘泊 (cP)	千克/(米·秒) [kg/(m·s)]	千克/(米·时) [kg/(m·h)]	磅/(英尺·秒) [lb/(ft·s)]	公斤(力)·秒/米² (kgf·s/m²)
0.1	1	100	0.1	360	0.06720	0.0102
10^{-3}	0.01	1	0.001	3.6	6.720×10^{-4}	0.102×10^{-3}
1	10	1000	1	3600	0.6720	0.102
2.778×10^{-4}	2.778×10^{-3}	0.2778	2.778×10^{-4}	1	1.8667×10^{-4}	0.283×10^{-4}
1.4881	14.881	1488.1	1.4881	5357	1	0.1519
9.81	98.1	9810	9.81	0.353×10^5	6.59	1

（10）运动黏度

米²/秒 (m²/s)	[泡](斯托克) 厘米²/秒(cm²/s)	米²/时 (m²/h)	英尺²/秒 (ft²/s)	英尺²/时 (ft²/h)
10^{-4}	1	0.360	1.076×10^{-3}	3.875
2.778×10^{-4}	2.778	1	2.990×10^{-3}	10.76
9.29×10^{-2}	929.0	334.5	1	3600
0.2581×10^{-4}	0.2581	0.0929	2.778×10^{-4}	1

注：1 厘泡＝0.01 泡

（11）能量（功）

焦 (J)	公斤(力)·米 (kgf·m)	千瓦·时 (kW·h)	马力·时	千卡 (kcal)	英热单位 (Btu)	英尺·磅 (ft·lb)
9.8067	1	2.724×10^{-6}	3.653×10^{-6}	2.342×10^{-3}	9.296×10^{-3}	7.233
$3.6 \times \times 10^6$	3.671×10^5	1	1.3410	860.0	3413	2.655×10^6
2.685×10^6	273.8×10^3	0.7457	1	641.33	2544	1.981×10^6
4.1868×10^3	426.9	1.1622×10^{-3}	1.5576×10^{-3}	1	3.968	3087
1.055×10^3	107.58	2.930×10^{-4}	3.926×10^{-4}	0.2520	1	778.1
1.3558	0.1383	0.3766×10^{-6}	0.5051×10^{-6}	3.239×10^{-4}	1.285×10^{-3}	1

注：1 尔格＝1[达因·厘米]＝10^{-7}[焦]

（12）功率

瓦 (W)	千瓦 (kW)	公斤(力)·米/秒 (kgf·m/s)	英尺·磅/秒 (ft·lb/s)	马力	千卡/秒 (kcal/s)	英热单位/秒 (Btu/s)
10^3	1	101.97	735.56	1.3410	0.2389	0.9486
9.8067	0.0098067	1	7.23314	0.01315	0.002342	0.009293
1.3558	0.0013558	0.13825	1	0.0018182	0.0003289	0.0012851
745.69	0.74569	76.0375	550	1	0.17803	0.70675
4186	4.1860	426.85	3087.44	5.6135	1	3.9683
1055	1.0550	107.58	778.168	1.4148	0.251996	1

(13)比热容

焦/(克·℃) [J/(g·℃)]	千卡/(公斤·℃) [kcal/(kg·℃)]	英热单位/(磅·F) [Btu/(lb·F)]
1	0.2389	0.2389
4.186	1	1

(14)导热系数

瓦/(米·开) [W/(m·K)]	焦/(厘米·秒·℃) [J/(cm·s·℃)]	卡/(厘米·秒·℃) [cal/cm·s·℃]	千卡/(米·时·℃) [kcal/(m·h·℃)]	英热单位/(英尺·时·F) [Btu/(ft·h·F)]
10^2	1	0.2389	86.00	57.79
418.6	4.186	1	360	241.9
1.163	0.1163	0.002778	1	0.6720
1.73	0.01730	0.004134	1.488	1

(15)传热系数

瓦/米²·开 [W/(m²·K)]	千卡/(米²·时·℃) [kcal/(m²·h·℃)]	卡/(厘米²·秒·℃) [cal/(cm²·s·℃)]	英热单位/英尺²·时·F [Btu/(ft²·h·F)]
1.163	1	2.778×10^{-5}	0.2048
4.186×10^4	3.6×10^4	1	7374
5.678	4.882	1.3562×10^{-4}	1

(16)分子扩散系数

米²/秒 (m²/s)	厘米²/秒 (cm²/s)	米²/秒 (m²/s)	英尺²/小时 (ft²/h)	英寸²/秒 (in²/s)
10^{-4}	1	0.360	3.875	0.1550
2.778×10^{-4}	2.778	1	10.764	0.4306
0.2581×10^{-4}	0.2581	0.09290	1	0.040
6.452×10^{-4}	6.452	2.323	25.000	1

(17)表面张力

牛/米 (N/m)	达因/厘米 (dyn/cm)	克/厘米 (g/cm)	公斤(力)/米 (kgf/m)	磅/英尺 (lb/ft)
10^{-3}	1	0.001020	1.020×10^{-4}	6.854×10^{-5}
0.9807	980.7	1	0.1	0.06720
9.807	9807	10	1	0.6720
14.592	14592	14.88	1.488	1

附录 5　水的物理性质

温度 t	压力 $p \times 10^5$	密度 ρ	焓 I	比热 $c_p \times 10^{-3}$	导热系数 $\lambda \times 10^2$	导温系数 $a \times 10^7$	黏度 $\mu \times 10^5$	运动黏度 $\nu \times 10^6$	体积膨胀系数 $\beta \times 10^4$	表面张力 $\sigma \times 10^3$	普兰特数 Pr
(℃)	(Pa)	(kg/m³)	(J/kg)	J/(kg·K)	W/(m·K)	(m²/s)	(Pa·s)	(m²/s)	(1/K)	(N/m²)	
0	1.01	999.9	0	4.212	55.08	1.31	178.78	1.789	−0.63	75.61	13.67
10	1.01	999.7	42.04	4.191	57.41	1.37	130.53	1.306	+0.70	74.14	9.52
20	1.01	998.2	83.90	4.183	59.85	1.43	100.42	1.006	1.82	72.67	7.02
30	1.01	995.7	125.69	4.174	61.71	1.49	80.12	0.805	3.21	71.20	5.42
40	1.01	992.2	165.71	4.174	63.33	1.53	65.32	0.659	3.87	69.63	4.31
50	1.01	988.1	209.30	4.174	64.73	1.57	54.92	0.556	4.49	67.67	3.54
60	1.01	983.2	211.12	4.178	65.89	1.61	46.98	0.478	5.11	66.20	2.98
70	1.01	977.8	292.99	7.167	66.70	1.63	40.06	0.415	5.70	64.33	2.55
80	1.01	971.8	334.94	4.195	67.40	1.66	35.50	0.365	6.32	62.57	2.21
90	1.01	965.3	376.98	4.208	67.98	1.68	31.48	0.326	6.95	60.71	1.95
100	1.01	958.4	419.19	4.220	68.21	1.69	28.24	0.295	7.52	58.84	1.75
110	1.43	951.0	461.34	4.233	68.44	1.70	25.89	0.272	8.08	56.88	1.60
120	1.99	943.1	503.67	4.250	68.56	1.71	23.73	0.252	8.64	54.82	1.47
130	2.70	934.8	546.38	4.266	68.56	1.72	21.77	0.233	9.17	52.86	1.36
140	3.62	926.1	589.08	4.287	68.44	1.73	20.10	0.217	9.72	50.70	1.26
150	4.76	917.0	632.20	4.312	68.33	1.73	18.63	0.203	10.3	48.64	1.17
160	6.18	907.4	675.33	4.346	68.21	1.73	17.36	0.191	10.7	46.58	1.10
170	7.92	897.3	719.29	4.379	67.86	1.73	16.28	0.181	11.3	44.33	1.05
180	10.03	886.9	763.25	4.417	67.40	1.72	15.30	0.173	11.9	42.27	1.00

附录 6　水在不同温度下的黏度

温度 （℃）	黏度 （mPa·s）	温度 （℃）	黏度 （mPa·s）	温度 （℃）	黏度 （mPa·s）
0	1.7921	33	0.7523	67	0.4223
1	1.7313	34	0.7371	68	0.4174
2	1.6728	35	0.7225	69	0.4117
3	1.6191	36	0.7085	70	0.4061
4	1.5674	37	0.6947	71	0.4006
5	1.5188	38	0.6814	72	0.3952
6	1.4728	39	0.6685	73	0.3900
7	1.4284	40	0.6560	74	0.3849
8	1.3860	41	0.6439	75	0.3799
9	1.3462	42	0.6321	76	0.3750
10	1.3077	43	0.6207	77	0.3702
11	1.2713	44	0.6097	78	0.3655
12	1.2363	45	0.5988	79	0.3610
13	1.2028	46	0.5883	80	0.3565
14	1.1709	47	0.5782	81	0.3521
15	1.1403	48	0.5693	82	0.3478
16	1.1110	49	0.5588	83	0.3436
17	1.0828	50	0.5494	84	0.3395
18	1.0559	51	0.5404	85	0.3355
19	1.0299	52	0.5315	86	0.3315
20	1.0050	53	0.5229	87	0.3276
20.2	1.0000	54	0.5146	88	0.3239
21	0.9810	55	0.5064	89	0.3202
22	0.9579	56	0.4985	90	0.3165
23	0.9359	57	0.4907	91	0.3130
24	0.9142	58	0.4832	92	0.3095
25	0.8973	59	0.4759	93	0.3060
26	0.8737	60	0.4688	94	0.3027
27	0.8545	61	0.4618	95	0.2994
28	0.8360	62	0.4550	96	0.2962
29	0.8180	63	0.4463	97	0.2930
30	0.8007	64	0.4418	98	0.2899
31	0.7840	65	0.4355	99	0.2868
32	0.7679	66	0.4293	100	0.2838

附录 7　干空气的物理性质（$p＝0.101MPa$）

温度 t （℃）	密度 ρ （kg/m³）	比热容 $c_p×10^{-3}$ （J·kg⁻¹·K⁻¹）	导热系数 $\lambda×10^3$ （W/m·K）	导温系数 $a×10^5$ （m²/s）	黏度 $\mu×10^5$ （Pa·s）	运动黏度 $\nu×10^5$ （m²/s）	普兰特数 （Pr）
−50	1.584	1.013	2.304	1.27	1.46	9.23	0.728
−40	1.515	1.013	2.115	1.38	1.52	10.04	0.728
−30	1.453	1.013	2.196	1.49	1.57	10.80	0.723
−20	1.395	1.009	2.278	1.62	1.62	11.60	0.716
−10	1.342	1.009	2.359	1.74	1.67	12.43	0.712
0	1.293	1.005	2.440	1.88	1.72	13.28	0.707
10	1.247	1.005	2.510	2.01	1.77	14.16	0.705
20	1.205	1.005	2.591	2.14	1.81	15.06	0.703
30	1.165	1.005	2.673	2.29	1.85	16.00	0.701
40	1.128	1.005	2.754	2.43	1.91	16.96	0.699
50	1.093	1.005	2.824	2.57	1.96	17.95	0.698
60	1.060	1.005	2.893	2.72	2.01	18.97	0.696
70	1.029	1.009	2.963	2.86	2.06	20.02	0.694
80	1.000	1.009	3.044	3.02	2.11	21.09	0.692
90	0.972	1.009	3.126	3.19	2.15	22.10	0.690
100	0.946	1.009	3.207	3.36	2.19	23.13	0.688
120	0.898	1.009	3.335	3.68	2.29	25.45	0.686
140	0.854	1.013	3.186	4.03	2.37	27.80	0.684
160	0.815	1.017	3.637	4.39	2.45	30.09	0.682
180	0.779	1.022	3.777	4.75	2.53	32.49	0.681
200	0.746	1.026	3.928	5.14	2.60	34.85	0.680
250	0.674	1.038	4.625	6.10	2.74	40.61	0.677
300	0.615	1.047	4.602	7.16	2.97	48.33	0.674
350	0.556	1.059	4.904	8.19	3.14	55.46	0.676
400	0.524	1.068	5.206	9.31	3.31	63.09	0.678
500	0.456	1.093	5.740	11.53	3.62	79.38	0.687
600	0.404	1.114	6.217	13.83	3.91	96.89	0.699
700	0.362	1.135	6.700	16.34	4.18	115.4	0.706
800	0.329	1.156	7.170	18.88	4.43	134.8	0.713
900	0.301	1.172	7.623	21.62	4.67	155.1	0.717
1000	0.277	1.185	8.064	24.59	4.90	177.1	0.719
1100	0.257	1.197	8.494	27.63	5.12	199.3	0.722
1200	0.239	1.210	9.145	31.65	5.35	233.7	0.724

附录8　饱和水蒸气表(以温度为准)

温度 t (℃)	压强 p (kgf/cm²)	蒸气的比容 c_p (m³/kg)	蒸气的密度 ρ (kg/m³)	焓 I(kJ/kg)		汽化热 r (kJ/kg)
				液体	蒸气	
0	0.0062	206.5	0.00484	0	2491.3	2491.3
5	0.0089	147.1	0.00680	20.94	2500.9	2480.0
10	0.0125	106.4	0.00940	41.87	2510.5	2468.6
15	0.0174	77.9	0.01283	62.81	2520.6	2457.8
20	0.0238	57.8	0.01719	83.74	2530.1	2446.3
25	0.0323	43.40	0.02304	104.68	2538.6	2433.9
30	0.0433	32.93	0.03036	125.60	2549.5	2423.7
35	0.0573	25.25	0.03960	146.55	2559.1	2412.6
40	0.0752	19.55	0.05114	167.47	2568.7	2401.1
45	0.0997	15.28	0.06543	188.42	2577.9	2389.5
50	0.1258	12.054	0.0830	209.34	2587.6	2378.1
55	0.1605	9.589	0.1043	230.29	2596.8	2366.5
60	0.2031	7.687	0.1301	251.21	2606.3	2355.1
65	0.2550	6.209	0.1611	272.16	2615.6	2343.4
70	0.3177	5.052	0.1979	293.08	2624.4	2331.2
75	0.393	4.139	0.2416	314.03	2629.7	2315.7
80	0.483	3.414	0.2929	334.94	2642.4	2307.3
85	0.590	2.832	0.3531	355.90	2651.2	2295.3
90	0.715	2.365	0.4229	376.81	2660.0	2283.1
95	0.862	1.985	0.5039	397.77	2668.8	2271.0
100	1.033	1.675	0.5970	418.68	2677.2	2258.4
105	1.232	1.421	0.7036	439.64	2685.1	2245.5
110	1.461	1.212	0.8254	460.97	2693.5	2232.4
115	1.724	1.038	0.9635	481.51	2702.5	2221.0
120	2.025	0.893	1.1199	503.67	2708.9	2205.2
125	2.367	0.7715	1.296	523.38	2716.5	2193.1
130	2.755	0.6693	1.494	546.38	2723.9	2177.6
135	3.192	0.5831	1.715	565.25	2731.2	2166.0
140	3.685	0.5096	1.962	589.08	2737.8	2148.7
145	4.238	0.4469	2.238	607.12	2744.6	2137.5
150	4.855	0.3933	2.543	632.21	2750.7	2118.5
160	6.303	0.3075	3.252	675.75	2762.9	2087.1
170	8.080	0.2431	4.113	719.29	2773.3	2054.0
180	10.23	0.1944	5.145	763.25	2782.6	2019.3

附录9　饱和水蒸气表(以压强为准)

压强 p （Pa）	温度 t （℃）	蒸气的比容 c_p （m³/kg）	蒸气的密度 ρ （kg/m³）	焓 I(kJ/kg)		汽化热 r （kJ/kg）
				液体	蒸气	
1000	6.3	129.37	0.00773	26.48	2503.1	2476.8
1500	12.5	88.26	0.01133	52.26	2515.3	2463.0
2000	17.0	67.29	0.01486	71.21	2524.2	2452.9
2500	20.9	54.47	0.01836	87.45	2531.8	2444.3
3000	23.5	45.52	0.02179	98.38	2536.8	2438.4
3500	26.1	39.45	0.02523	109.30	2541.8	2432.5
4000	28.7	34.88	0.02867	120.23	2546.8	2426.6
4500	30.8	33.06	0.03205	129.00	2550.9	2421.9
5000	32.4	28.27	0.03537	135.69	2554.0	2418.3
6000	35.6	23.81	0.04200	149.06	2560.1	2411.0
7000	38.8	20.56	0.04864	162.44	2566.3	2403.8
8000	41.3	18.13	0.05514	172.73	2571.0	2398.2
9000	43.3	16.24	0.06156	181.16	2574.8	2393.6
1×10^4	45.3	14.71	0.06798	189.59	2578.5	2388.9
1.5×10^4	53.3	10.04	0.09956	224.03	2594.0	2370.0
2×10^4	60.1	7.65	0.13068	251.51	2606.4	2354.9
3×10^4	66.5	5.24	0.19093	288.77	2622.4	2333.7
4×10^4	75.0	4.00	0.24975	315.93	2634.4	2312.2
5×10^4	81.2	3.25	0.30799	339.80	2644.3	2304.5
6×10^4	85.6	2.74	0.36514	358.21	2652.1	2293.9
7×10^4	89.9	2.37	0.42229	376.61	2659.8	2283.2
8×10^4	93.2	2.09	0.47807	390.08	2665.3	2275.3
9×10^4	96.4	1.87	0.53384	403.49	2670.8	2267.4
1×10^5	99.6	1.70	0.58961	416.90	2676.3	2259.5
1.2×10^5	104.5	1.43	0.69868	437.51	2684.3	2246.8
1.4×10^5	109.2	1.24	0.80758	560.38	2692.1	2234.4
1.6×10^5	113.0	1.21	0.82981	583.76	2698.1	2224.2
1.8×10^5	116.6	0.988	1.0209	603.61	2703.7	2214.3
2×10^5	120.2	0.887	1.1273	622.42	2709.2	2204.6
2.5×10^5	127.2	0.719	1.3904	639.59	2719.7	2185.4
3×10^5	133.3	0.606	1.6501	560.38	2728.5	2168.1
3.5×10^5	138.8	0.524	1.9074	583.76	2736.1	2152.3
4×10^5	143.4	0.463	2.1618	603.61	2742.1	2138.5
4.5×10^5	147.7	0.414	2.4152	622.42	2747.8	2125.4
5×10^5	151.7	0.375	2.6673	639.59	2752.8	2113.2
6×10^5	158.7	0.316	3.1686	670.22	2761.4	2091.1
7×10^5	164.7	0.273	3.6657	696.27	2767.8	2071.5
8×10^{59}	170.4	0.240	4.1614	720.96	2737.7	2052.7
9×10^5	175.1	0.215	4.6525	741.82	2778.1	2036.2
10×10^5	179.9	0.194	5.1432	762.68	2782.5	2019.7

附录 10　常见气体的重要物理性质($p = 0.101MPa$)

名称	分子式	密度(标态)(kg/m³)	定压比热容(标态)(kJ/kg·K)	黏度(标态)(10^{-5}Pa·s)	沸点(℃)	汽化潜热(kJ/kg)	导热系数(标态)(W/m·K)
空气	—	1.293	1.009	1.73	−195	197	0.0244
氧气	O_2	1.429	0.653	2.03	−132.98	213	0.0240
氮气	N_2	1.251	0.745	1.70	−195.78	199.2	0.0228
氢气	H_2	0.0899	10.13	0.842	−252.75	454.2	0.163
氦气	He	0.1785	3.18	1.88	−268.95	19.5	0.144
氩气	Ar	1.7820	0.322	2.09	−185.87	163	0.0173
氯气	Cl_2	3.217	0.355	1.29	−33.8	305	0.0072
氨气	NH_3	0.711	0.67	0.918	−33.4	1373	0.0215
一氧化碳	CO	1.250	0.754	1.66	−191.48	211	0.0226
二氧化碳	CO_2	1.976	0.653	1.37	−78.2	574	0.0137
二氧化硫	SO_2	2.927	0.502	1.17	−10.8	394	0.0077
二氧化氮	NO_2	—	0.615		21.2	712	0.0400
硫化氢	H_2S	1.539	0.804	1.166	−60.2	548	0.0131
甲烷	CH_4	0.717	1.70	1.03	−161.58	511	0.0300
乙烷	C_2H_6	1.357	1.44	0.850	−88.50	486	0.0180
丙烷	C_3H_8	2.020	1.65	0.795	−42.1	427	0.0148
正丁烷	C_4H_{10}	2.673	1.73	0.810	−0.5	386	0.0135
正戊烷	C_5H_{12}	—	1.57	0.874	−36.08	151	0.0128
乙烯	C_2H_4	1.261	1.222	0.935	−103.9	481	0.0164
丙烯	C_3H_6	1.914	1.436	0.835	−47.7	440	—
乙炔	C_2H_2	1.171	1.352	0.935	−83.66	829	0.0184
一氯甲烷	CH_3Cl	2.308	0.582	0.989	−24.1	406	0.0085
苯	C_6H_6	—	1.139	0.72	80.2	394	0.0088

附录 11　某些液体的重要物理性质($p = 0.101MPa$)

名称	分子式	密度 (kg/m^3)	沸点 (℃)	汽化 潜热 (kJ/kg)	定压比 热容 ($kJ \cdot kg^{-1} \cdot K^{-1}$)	黏度 (10^{-3} $Pa \cdot s$)	导热 系数 ($W \cdot m^{-1} \cdot K^{-1}$)	体积膨胀 系数 ($10^{-4}/℃$)	表面 张力 (mN/m)
水	H_2O	998.3	100	2258	4.184	1.005	0.599	1.82	72.8
25%的氯化 钠溶液	—	1186 (25℃)	107	—	3.39	2.3	0.57 (30℃)	(4.4)	—
25%的氯化 钙溶液	—	1228	107	—	2.89	2.5	0.57	(3.4)	—
硫酸	H_2SO_4	1834	340 (分解)	—	1.47	23	0.38	5.7	—
硝酸	HNO_3	1512	86	481.1	—	1.17 (10℃)	—	12.4	—
盐酸	HCl	1149	—	—	2.55	2 (31.5%)	0.42	—	—
乙醇	C_2H_5OH	789.2	78.37	1912	2.47	1.17	0.1844	11.0	22.27
甲醇	CH_3OH	791.3	64.65	1109	2.50	0.5945	0.2108	11.9	22.70
氯仿	$CHCl_3$	1490	61.2	253.7	0.992	0.58	0.138 (30℃)	12.8	28.5 (10℃)
四氯化碳	CCl_4	1594	76.8	195	0.850	1.0	0.12	12.2	26.8
1,2-二氯 乙烷	$C_2H_4Cl_2$	1253	83.6	324	1.260	0.83	0.14 (50℃)	—	30.8
苯	C_7H_8	879	80.20	393.9	1.704	0.737	0.148	12.4	28.6
甲苯	C_6H_6	866	110.63	363	1.70	0.675	0.138	10.8	27.9

附录 12　常用固体材料的物理性质(常态)

名称	密度 (kg/m³)	导热系数 (W/m・K)	比热 [kJ/(kg・K)]	名称	密度 (kg/m³)	导热系数 (W/m・K)	比热 [kJ/(kg・K)]
(1)金属							
钢	7850	45.3	0.46	黄铜	8600	85.5	0.38
不锈钢	7900	17.0	0.50	铝	2670	203.5	0.92
铸铁	7220	62.8	0.50	镍	9000	58.2	0.46
铜	8800	383.8	0.41	铅	11400	34.9	0.13
青铜	8000	64.6	0.38	钛	4540	15.24	0.527 (25℃)
(2)塑料							
酚醛	1250~1300	0.13~0.26	1.3~1.7	低压聚乙烯	940	0.29	2.6
脲醛	1400~1500	0.30	1.3~1.7	高压聚乙烯	920	0.26	2.2
聚氯乙烯	1380~1400	0.16	1.8	有机玻璃	1180~1190	0.14~0.20	
聚苯乙烯	1050~1070	0.08	1.3				
(3)建筑、绝热、耐酸材料等							
干砂	1500~1700	0.45~0.58	0.8	软木	100'300	0.041~0.064	0.96
黏土	1600~1800	0.47~0.54		石棉板	700	0.11	0.816
锅炉炉渣	700~1100	0.19~0.30		石棉水泥板	1600~1900	0.35	
黏土砖	1600~1900	0.47~0.68	0.92	玻璃	2500	0.74	0.67
耐火砖	1840	1.05	0.96~1.0	耐酸陶瓷制品	2200~2300	0.93~2.0	0.75~0.80
多孔绝热砖	600~1400	0.16~0.37		耐酸搪瓷	2300~2700	0.99~1.04	0.84~1.26
混凝土	2000~2400	1.3~1.55	0.84	橡胶	1200	0.16	1.38
松木	500~600	0.07~0.11	2.72	冰	900	2.3	2.11

附录 13　一些气体溶于水的亨利系数

气体	温度(℃)															
	0	5	10	15	20	25	30	35	40	45	50	60	70	80	90	100
$E\times10^{-6}$(kPa)																
H_2	5.87	6.16	6.44	6.70	6.92	7.16	7.39	7.52	7.61	7.70	7.75	7.75	7.71	7.65	7.61	7.55
N_2	5.35	6.05	6.77	7.48	8.15	8.76	9.36	9.98	10.5	11.0	11.4	12.2	12.7	12.8	12.8	12.8
空气	4.38	4.94	5.56	6.15	6.73	7.30	7.81	8.34	8.82	9.23	9.59	10.2	10.6	10.8	10.9	10.8
CO	3.57	4.01	4.48	4.95	5.43	5.88	6.28	6.68	7.05	7.39	7.71	8.82	8.57	8.57	8.57	8.57
O_2	2.58	2.95	3.31	3.69	4.06	4.44	4.81	5.14	5.42	5.70	5.96	6.37	6.72	6.96	7.08	7.10
CH_4	2.27	2.62	3.01	3.41	3.81	4.18	4.55	4.92	5.27	5.58	5.85	6.34	6.75	6.91	7.01	7.10
NO	1.71	1.96	2.21	2.45	2.67	2.91	3.14	3.35	3.57	3.77	3.95	4.24	4.44	4.54	4.58	4.60
C_2H_6	1.28	1.57	1.92	2.90	2.66	3.06	3.47	3.88	4.29	5.07	5.07	5.72	6.31	6.70	6.96	7.01
$E\times10^{-5}$(kPa)																
C_2H_4	5.59	6.62	7.78	9.07	10.3	11.6	12.9	—	—	—	—	—	—	—	—	—
N_2O	—	1.19	1.43	1.68	2.01	2.28	2.62	3.06	—	—	—	—	—	—	—	—
CO_2	0.738	0.888	1.05	1.24	1.44	1.66	1.88	2.12	2.36	2.60	2.87	3.46	—	—	—	—
C_2H_2	0.73	0.85	0.97	1.09	1.23	1.35	1.48	—	—	—	—	—	—	—	—	—
Cl_2	0.272	0.334	0.399	0.461	0.537	0.604	0.669	0.74	0.80	0.86	0.90	0.97	0.99	0.97	0.96	—
H_2S	0.272	0.319	0.372	0.418	0.489	0.552	0.617	0.686	0.755	0.825	0.689	1.04	1.21	1.37	1.46	1.50
$E\times10^{-4}$(kPa)																
SO_2	0.167	0.203	0.245	0.294	0.355	0.413	0.485	0.567	0.661	0.763	0.871	1.11	1.39	1.70	2.01	—

附录 14 乙醇-水气液平衡组成($p=0.101$MPa)

乙醇在液相组成 (%)		乙醇在气相组成 (%)		沸点 (℃)	乙醇在液相组成 (%)		乙醇在气相组成 (%)		沸点 (℃)
质量分数	摩尔分数	质量分数	摩尔分数		质量分数	摩尔分数	质量分数	摩尔分数	
0	0.00	0	0.00	100.0	50	28.12			
2	0.79	19.7	8.76	97.65	52	29.80	77.0	56.71	81.9
4	1.61	33.3	16.34	95.8	54	31.47	77.5	57.41	81.7
6	2.34	41.0	21.45	94.15	56	33.24	78.0	58.11	81.5
8	3.29	47.6	26.21	92.60	58	35.09	78.5	58.78	81.3
10	4.16	52.2	29.92	91.30	60	36.98	79.0	59.55	81.2
12	5.07	55.8	33.06	90.50	62	38.95	79.5	60.29	81.0
14	5.98	58.8	35.83	89.20	64	41.02	80.0	61.02	80.85
16	6.86	61.1	38.06	88.30	66	43.17	80.5	61.61	80.65
18	7.95	63.2	40.18	87.70	68	45.41	81.0	62.52	80.50
20	8.92	65.0	42.09	87.00	70	47.74	81.6	63.43	80.40
22	9.93	66.6	43.82	86.40	72	50.16	82.1	64.21	80.20
24	11.00	68.0	45.41	85.95	74	52.68	82.8	65.34	80.00
26	12.08	69.3	46.90	85.40	76	55.34	83.4	66.28	79.85
28	13.19	70.3	48.08	85.00	78	58.11	84.1	67.42	79.72
30	14.35	71.3	49.30	84.70	80	61.02	84.9	68.76	79.65
32	15.55	72.1	50.27	84.30	82	64.05	85.8	70.29	79.50
34	16.77	72.9	51.27	83.85	84	67.27	86.7	71.86	79.30
36	18.03	73.5	52.04	83.70	86	70.63	87.7	73.61	79.10
38	19.34	74.0	52.68	83.40	88	74.15	88.9	75.82	78.85
40	20.68	74.6	53.46	83.10	90	77.88	90.1	78.00	78.65
42	22.07	75.1	54.12	82.65	92	81.83	91.3	80.42	78.50
44	23.51	75.6	54.80	82.50	94	85.97	92.7	83.26	78.30
46	25.00	76.1	55.48	82.35	95.57	89.41	94.2	86.40	78.20
48	26.53	76.5	56.03	82.15			95.57	89.41	78.15

附录 15　苯-甲苯气液平衡组成($p=0.101MPa$)

苯（mol%）		温度	苯（mol%）		温度
液相中	气相中	（℃）	液相中	气相中	（℃）
0.0	0.0	110.6	59.2	78.9	89.4
8.8	21.2	106.1	70.0	85.3	86.8
20.0	37.0	102.2	80.3	91.4	84.4
30.0	50.0	98.6	90.3	95.7	82.3
39.7	61.8	95.2	95.0	97.9	81.2
48.9	71.0	92.1	100.0	100.0	80.2

附录 16　氯仿-苯气液平衡组成($p=0.101MPa$)

氯仿（质量分数）		温度	氯仿（质量分数）		温度
液相中	气相中	（℃）	液相中	气相中	（℃）
10	13.6	79.9	60	75.0	74.6
20	27.2	79.0	70	83.0	72.8
30	40.6	78.1	80	90.0	70.5
40	53.0	77.2	90	96.1	67.0
50	65.0	76.0			

附录 17　水-醋酸气液平衡组成($p=0.101MPa$)

水（mol %）		温度	水（mol %）		温度
液相中	气相中	（℃）	液相中	气相中	（℃）
0.0	0.0	118.2	83.3	88.6	101.3
27.0	39.4	108.2	88.6	91.9	100.9
45.5	56.5	105.3	93.0	95.0	100.5
58.8	70.7	103.8	96.8	97.7	100.2
69.0	79.0	102.8	100.0	100.0	100.0
76.9	84.5	101.9			

附录 18 甲醇-水气液平衡组成($p=0.101MPa$)

甲醇(mol %)		温度 (℃)	甲醇(mol %)		温度 (℃)
液相中	气相中		液相中	气相中	
5.31	28.34	92.9	29.09	68.01	77.8
7.67	40.01	90.3	33.33	69.18	76.7
9.26	43.53	88.9	35.13	73.47	76.2
12.57	48.31	86.6	46.20	77.56	73.8
13.15	54.55	85.0	52.92	79.71	72.7
16.74	55.85	83.2	59.37	81.83	71.3
18.18	57.75	82.3	68.49	84.92	70.0
20.83	62.73	81.6	77.01	89.62	68.0
23.19	64.85	80.2	87.41	91.94	66.9
28.18	67.75	78.0			

附录 19 乙醇水溶液的物理常数(摘要)($p=0.101MPa$)

温度(15℃)		比重 (15℃)	沸点 (℃)	定压比热容 c_p [kJ/(kg·K)]		焓(kJ/kg)		
容积 (%)	重量 (%)					饱和液体焓	干饱和蒸汽焓	汽化潜热
				α	β			
10	8.05	0.9876	92.63	4.430	833	446.1	2571.9	2135.9
12	9.69	0.9845	91.59	4.451	842	447.1	2556.5	2113.4
14	11.33	0.9822	90.67	4.460	846	439.1	2529.9	2091.5
16	12.97	0.9802	89.83	4.468	850	435.6	2503.9	2064.9
18	14.62	0.9782	89.07	4.472	854	432.1	2477.7	2045.6
20	16.28	0.9763	88.39	4.463	858	427.8	2450.9	2023.2
22	17.95	0.9742	87.75	4.455	863	424.0	2424.2	1991.1
24	19.62	0.9721	87.16	4.447	871	420.6	2396.6	1977.2
26	21.30	0.9700	86.67	4.438	884	417.5	2371.9	1954.4
28	24.99	0.9679	86.10	4.430	900	414.7	2345.7	1930.9
30	24.69	0.9657	85.66	4.417	917	412.0	2319.7	1907.7
32	26.40	0.9633	85.27	4.401	942	409.4	2292.6	1884.1
34	28.13	0.9608	84.92	4.384	963	406.9	2267.2	1860.9
38	31.62	0.9558	84.32	4.346	1013	402.4	2215.1	1812.7
40	33.39	0.9523	84.08	4.283	1040	400.0	2188.4	1788.4

* 定压比热容 $c_p = \alpha + \beta \cdot (t_1 + t_2)/2$ kJ/(kg·K),α、β 系数从上表查出,t_1、t_2 为乙醇溶液的升温范围,乙醇在 78.3℃ 的汽化潜热为 855.24kJ/(kg·K)。

附录20 乙醇蒸汽的密度及比容(摘要)($p = 0.101$MPa)

蒸汽中乙醇的重量 (%)	沸点 (℃)	密度 (kg/m³)	比热容 (m³/kg)
70	80.1	1.085	0.9216
75	79.7	1.145	0.8717
80	79.3	1.224	0.8156
85	78.9	1.309	0.7633
90	78.5	1.396	0.7168
95	78.2	1.498	0.6667
100	78.33	1.592	0.622

附录21 常用管子的规格

1. 水煤气钢管(摘自 YB234 - 63)

公称口径 (mm)	(in)	外径 (mm)	普通管 壁厚(mm)	加厚管 壁厚(mm)	公称口径 (mm)	(in)	外径 (mm)	普通管 壁厚(mm)	加厚管 壁厚(mm)
6	$\frac{1}{8}$	10	2	2.5	40	* $1\frac{1}{2}$	48	3.5	4.24
8	$\frac{1}{4}$	13.5	2.25	2.75	50	* 2	60	3.5	4.5
10	* $\frac{3}{8}$	17	2.25	2.75	70	* $2\frac{1}{2}$	75.5	3.75	4.5
15	* $\frac{1}{2}$	21.25	2.75	3.25	80	* 3	88.5	4	4.75
20	* $\frac{3}{4}$	26.75	2.75	3.5	100	4	114	4	5
25	* 1	33.5	3.25	4	125	5	140	4.5	5.5
32	* $1\frac{1}{4}$	42.25	3.25	4	150	6	165	4.5	5.5

注：* 表示常用规格。

2. 冷拔无缝钢管(摘自 YB231-64)

外径 (mm)	壁厚(mm)		外径 (mm)	壁厚(mm)	
	从	到		从	到
6	1.0	2.0	24	1.0	7.0
8	1.0	2.5	25	1.0	7.0
10	1.0	3.5	27	1.0	7.0
12	1.0	4.0	28	1.0	7.0
14	1.0	4.0	32	1.0	8.0
15	1.0	5.0	34	1.0	8.0
16	1.0	5.0	35	1.0	8.0
17	1.0	5.0	36	1.0	8.0
18	1.0	5.0	38	1.0	8.0
19	1.0	6.0	48	1.0	8.0
22	1.0	6.0	51	1.0	8.0

注:壁厚有 1.0,1.2,1.5,2.0,3.0,3.5,4.0,4.5,5.0,5.5,6.0,7.0,8.0(mm)。

3. 热轧无缝钢管(摘自 YB231-64)

外径 (mm)	壁厚(mm)		外径 (mm)	壁厚(mm)	
	从	到		从	到
32	2.5	8	127	4.0	32
38	2.5	8	133	4.0	32
45	2.5	10	140	4.5	35
57	3.0	13	152	4.5	35
60	3.0	14	159	4.5	35
68	3.0	16	168	5.0	35
70	3.0	16	180	5.0	35
73	3.0	19	194	5.0	35
76	3.0	19	219	6.0	35
83	3.5	24	245	7.0	35
89	3.5	24	273	7.0	35
102	3.5	28	325	8.0	35
108	4.0	28	377	9.0	35
114	4.0	28	426	9.0	35
121	4.0	32			